R と
RStudio による
教育テストデータ
の分析

堀　一輝

福原弘岳

山田剛史

[著]

朝倉書店

は じ め に

　本書は教育テストに関するデータ解析を，R と RStudio を活用して実践的に学ぶことを目的として書かれたものです．具体的には，tidyverse に含まれるパッケージ，特に dplyr パッケージによるコードの簡便な記述と ggplot2 パッケージによる美麗なグラフ作成を，大規模教育テストデータの分析という例を通して学んでいきます．分析手法としては記述統計，古典的テスト理論，項目反応理論，等化などを扱っており，一般的な教育テストデータの分析手法を広く学ぶことができます．分析例で用いている人工データやスクリプトは OSF（Open Science Foundation）にある本書のレポジトリ（`https://osf.io/5kzw6/`）で公開されており，そこからファイルをダウンロードして本書のスクリプト例を実際に手元で動かすことができるようになっています．

　本書の執筆のきっかけとなったのは，著者の 1 人である福原が山田に「業務では SAS を使っているが，自分の研究で R を使いたい．一緒に勉強しないか？」と声をかけてくれたことでした．そこで山田が堀を誘い，アメリカ（堀・福原）と日本（山田）をオンライン会議で繋いで，R や項目反応理論などを学ぶ勉強会を定期的に開くようになりました．この勉強会での発表資料が本書のベースとなっています．堀は心理統計学をアメリカの大学で学ぶ大学院生として（勉強会開始当時），福原はアメリカのテスト会社で大規模アセスメントの分析を行う教育測定の専門家として，山田は心理統計学を専門とする大学教員として，それぞれの立場の興味や関心を持ち寄り，今でも勉強会を継続しています．

　本書を執筆するにあたり，多くの人からサポートをいただきました．特にベネッセコーポレーションの稲場亮一さんや，早稲田大学で山田の授業を受講してくれた大学院生の皆さんには，全編を通して読んでいただき，有益で貴重なコメントを数多くいただきました．また，朝倉書店編集部には本書の構成や内容に関する助言をいただき，遅々として進まない本書の執筆を忍耐強く待っていただきました．このほか，多くの方の理解とサポートのおかげで本書を上梓することができました．この場を借りて改めてお礼申し上げます．

　本書が，心理統計や教育測定を学ぶ大学生，大学院生，教育データを扱う研究者，教員，R と RStudio について学びたい方など，多くの人に喜んでもらえるものになることを期待しています．

　2023 年 2 月

堀　一輝・福原弘岳・山田剛史

目　　次

1

R の 基 礎

　本章ではデータ解析に最低限必要な R の基礎的な使い方を解説する．特にプログラミング言語としての R に注目して，四則演算の方法やオブジェクトへの代入，変数の型，データの構造などのトピックを扱う．本章の例はコンソール[*1]に直接入力することを想定している．入力内容（スクリプト）をファイルとして残す方法については第 2 章「RStudio の基礎」や第 8 章「R Markdown によるレポート作成」などで取り扱っているのでそちらも参照のこと．

1.1　算 術 演 算

　まずは R を「電卓」として使ってみよう．下記の例と同じ計算式を直接コンソールに入力し，最後にエンターキー（Enter）またはリターンキー（Return）を押して同じ結果が返ってくることを確認しよう[*2, 3]．

```
1 + 2  # 足し算
```
```
## [1] 3
```

```
0 - (-4)  # 引き算
```
```
## [1] 4
```

```
3 * 4  # 掛け算
```
```
## [1] 12
```

```
5 / 2  # 割り算
```
```
## [1] 2.5
```

```
2^3  # 累乗
```
```
## [1] 8
```

[*1]　R を起動すると現れる画面のこと．この画面に対して計算式を入力することで，R を対話的（インタラクティブ）に使うことができる．

[*2]　入力途中でエンターキーを押すと，コンソールが「+」で始まる状態になるが，これは前の入力が不完全で R が入力の続きを待っていることを表している．この状態になったら (1) 続きを入力する，または (2) エスケープキー (ESC) を押して待機状態に強制的に戻す，のいずれかの方法で，コンソールが「>」から始まる状態（待機状態）に戻すことができる．

[*3]　スクリプトの中で「#」以降はコメントとして扱われるため実行されない．

1.2　ベクトルの生成

統計学やデータ解析ではデータをベクトル [*4)] として表すため，R においてもベクトルで
データを扱うことが多い．例えば複数の値をまとめてベクトルにするには関数 c を使い，連
続した整数列を生成するには：（コロン），または seq 関数を使う．

```
c(1.5, 2, -1, pi)  # pi は円周率を表す組み込みの変数（= 予約語）
```

```
## [1]   1.500000   2.000000  -1.000000   3.141593
```

```
1:5  # 1 から始まり 5 で終わる整数の列
```

```
## [1] 1 2 3 4 5
```

```
seq(from = 1, to = 5, by = 1)  # 関数 seq を使った同様の操作
```

```
## [1] 1 2 3 4 5
```

1.3　組 み 込 み 関 数

R では cos（余弦）や log（対数）などの数学関数や，平均や分散などの統計量を求める関
数など多くの関数がインストール直後から利用可能となっている．これらの関数は「組み込
み関数」や「ビルトイン関数」と呼ばれている．

```
sqrt(2)  # 平方根
```

```
## [1] 1.414214
```

```
exp(1)  # 自然対数の底（e^1）
```

```
## [1] 2.718282
```

```
log(exp(1))  # 自然対数
```

```
## [1] 1
```

上記の例では 1 つの関数に対して 1 つの数値を与えたが，関数によっては複数の数値をベ
クトルとして渡すことも可能である．

```
sin(0:1)  # = c(sin(0), sin(1))
```

```
## [1] 0.000000 0.841471
```

```
mean(1:10)  # {1, 2, ..., 10}の平均
```

```
## [1] 5.5
```

---

*4)　ここではベクトルを「数値を一列に並べたもの」というように考える．

```
var(1:10)  # {1, 2, ..., 10}の不偏分散
```

```
## [1] 9.166667
```

　関数に与える数値などのことを「引数」(ひきすう; argument) と言うが,引数を指定する方法には大きく分けて 2 通りある.1 つは引数を明示してから値を与える方法,もう 1 つはその関数の仕様通りの順序で値を与える方法である.前者は引数を明示するので指定する順序を関数の仕様に合わせる必要がないのに対し,後者は仕様通りの順番で関数が引数を解釈するので,思った通りの実行結果を得るためには引数の順序を仕様通りに覚えておかなければならない.例えば seq 関数の最初の 3 つの引数は from, to, by だが[5],次の例の最初の3 つは同じ結果を返すのに対し,最後の例は前の 2 つとは異なる結果を返す.

```
seq(from = 2, to = 5, by = 1)  # 2:5 と同じ
```

```
## [1] 2 3 4 5
```

```
seq(by = 1, to = 5, from = 2)  # 引数の明示的な指定(順序は無関係)
```

```
## [1] 2 3 4 5
```

```
seq(2, 5, 1)  # 引数を省略(from = 2, to = 5, by = 1)
```

```
## [1] 2 3 4 5
```

```
seq(1, 5, 2)  # from = 1, to 5, by = 2(2 例目と比較せよ)
```

```
## [1] 1 3 5
```

　一部の引数にはデフォルト値(既定値)が設定されていることがある.例えば seq の by のデフォルト値は 1 となっており[6],seq(2, 5) は seq(from = 2, to = 5, by = 1) や seq(2, 5, 1),2:5 と同じ結果となる.

1.4　オブジェクトへの代入

　演算結果はコンソール上に表示させるだけでなく,名前を付けて一時的にメモリ上に記憶させておくことができる.保存された計算結果のことを「オブジェクト」と呼ぶ.一度作成したオブジェクトはそのセッション内(R を終了させるまで)なら何度も呼び出すことが可能で,オブジェクトを使った計算,あるいはオブジェクト同士の計算も可能である.次のスクリプトでは 3 の正の平方根 ($\sqrt{3}$) を組み込み関数 sqrt で求め,その結果を x という名前のオブジェクトとして保存している.この一連の操作を「sqrt(3) の実行結果を x に代入する」と言うことがある.「<-」は代入演算子[7]で,左(左辺)にオブジェクト名を指定し,右(右辺)に保存したい値やその計算式を指定する.

---

[5] 「from」は列の始点,「to」は終点が取り得る最大の値,「by」は列の増分を指定する引数.

[6] 引数のデフォルト値はヘルプで確認できる.ヘルプ画面は「?」+ 関数名で見ることができる(例: ?seq).

[7] 「<」と「-」の 2 文字で 1 つの代入演算子をなす(どちらも半角).

```
x <- sqrt(3)  # <- が代入演算子
print(x^2)  # print 関数は引数の評価結果をコンソールに表示する関数
```

```
## [1] 3
```

次の例では sqrt(3) を代入した x を用いて新たなオブジェクト y （= x^2 + 1）を作り，その後で x に 1 を代入して中身を上書きし，c 関数と print 関数を使って x と y をコンソールに表示している．

```
x <- sqrt(3)
y <- x^2 + 1  # オブジェクトを使った計算
x <- 1        # 中身の上書き
print(c(x, y))
```

```
## [1] 1 4
```

注意したいのは sqrt(3) が代入されていた x に 1 を再代入して上書きをしている点である．この上書きの結果，最後の print 関数は x の中身として sqrt(3) ではなく 1 を返している．以上のように，R の実行結果はスクリプトの実行順序に依存する．誤った順序でスクリプトを実行するとエラーが出ることがあるので，特に初心者はスクリプトの実行順序に注意してほしい．

1.5　データの型（文字列型・論理型）

ここまでは主に数値型（numeric）のデータを扱ってきたが，他にも R は文字列型（character）や論理型（logical）などのデータを扱うことができる．文字列型のデータの代表例はテキストデータで，アルファベットや数字，ひらがなや漢字などの文字列からなる．文字列型データはシングルクォーテーション（'）またはダブルクォーテーション（"）で囲んで用いる（囲まないとオブジェクト名として解釈される）．文字列型は四則演算できないことに注意する．

```
"1" + "2"  # エラー
```

```
## Error in "1" + "2": non-numeric argument to binary operator
```

```
one <- "1" # 文字列型，数値ではない
print(one)  # 文字列型はダブルクォーテーション付きで表示される
```

```
## [1] "1"
```

```
one + 1    # エラー（文字列型は四則演算ができない）
```

```
## Error in one + 1: non-numeric argument to binary operator
```

論理型のデータは TRUE（真）と FALSE（偽）の 2 つの値からなり，後述する条件分岐やデータの選択・抽出に用いられる．また，論理型のデータは「かつ」（論理積）を意味する「&&」や「または」（論理和）を意味する「||」，否定を表す「!」といった論理演算子や，排他的論理和を表す xor といった関数と一緒に使われることが多い．

```
TRUE && FALSE  # 「かつ」(論理積)
```

```
## [1] FALSE
```

```
TRUE || FALSE  # 「または」(論理和)
```

```
## [1] TRUE
```

```
!FALSE # FALSE の否定 (= TRUE)
```

```
## [1] TRUE
```

論理積「&&」と論理和「||」にはそのベクトル版である「&」と「|」があり，演算子の左辺と右辺に同じ長さ（要素数）の論理型ベクトル（TRUE または FALSE からなるベクトル）を置くことで論理演算を要素ごとに行うことができる．実行結果は長さが元のベクトルと同じ論理型ベクトルとなる．なお，論理型ベクトルに対して&&や||を用いると，エラーではなく最初の要素同士の論理演算の結果が返されるので注意が必要である．

```
x <- c(T, T, F, F)  # T と F はそれぞれ TRUE と FALSE を表す予約語
y <- c(T, F, T, F)
x & y   # c(x[1] && y[1], x[2] && y[2], x[3] && y[3], x[4] && y[4]) と同じ
```

```
## [1]  TRUE FALSE FALSE FALSE
```

```
x && y  # x[1] && y[1] と同じ (x[1] などについては，1.7 節で解説)
```

```
## [1] TRUE
```

>, <, <=, >=, ==, !=などの関係演算子は条件式を構成するのに用いられ，演算子の左辺と右辺を比較して TRUE または FALSE を返す．

```
1 >= 0  # 1 は 0 以上なので TRUE が返る
```

```
## [1] TRUE
```

```
1 == 0  # 1 は 0 ではないので FALSE が返る
```

```
## [1] FALSE
```

```
1 != 0  # 1 は 0 ではないので TRUE が返る
```

```
## [1] TRUE
```

1.6 データ構造

ここまではベクトルを中心に扱ってきたが，R にはベクトル以外のデータ構造（オブジェクトの種類，データの持ち方）も存在する．例えば行列（matrix）というデータ構造はスプレッドシート（表）のように行と列にわたって値を保持するが，リスト（list）は長さや型が異なるオブジェクトをひとまとめにして扱うことができる．

1.6.1 行 列・配 列

行列，およびその拡張である配列（array）は，ベクトルに行や列といった「次元」(dimension) を導入して並べかえたものである [8]．行列は行（row，第 1 次元，水平方向）と列（column，第 2 次元，垂直方向）を持ったデータ構造で，これら 2 つの組み合わせによって指定される「セル」(cell) に値を格納することができる．次の例ではサイズ 2×3 の行列（2 行 × 3 列）に 1 から 6 の整数を列方向に配置している．

```
## オブジェクト名の大文字・小文字は区別される
X <- matrix(data = 1:6, nrow = 2, ncol = 3)
print(X)  # 数字の配置のされ方（方向）に注目
```

```
##      [,1] [,2] [,3]
## [1,]    1    3    5
## [2,]    2    4    6
```

ここで引数 data は行列の要素（値）を含むベクトル，nrow は行列の行数，ncol は列数を指定している．

行列の行数や列数は関数 nrow や ncol で確認することができる．

```
nrow(X)  # 行数
```

```
## [1] 2
```

```
ncol(X)  # 列数
```

```
## [1] 3
```

同様の情報は関数 dim でも確認することができる [9]．

```
dim(X)  # 行列 X の次元情報
```

```
## [1] 2 3
```

戻り値（実行結果）は長さ 2 のベクトルで，最初の要素「2」は第 1 次元の長さ（行数）を，2 番目の要素「3」は第 2 次元の長さ（列数）を表している．また，戻り値の要素数が 2 であることから，X の次元数は 2 であることがわかる．

配列は行列を拡張したもので，次元数が 3 以上のものを指す．配列オブジェクトの作成には array 関数を用いる．

```
## 配列の作成
Y <- array(data = 1:24, dim = c(3, 4, 2))
print(Y)
```

---

[8]　数学で行うような操作（各種の積や転置）を行うための関数や演算子も存在するが，本書では解説しない．

[9]　ベクトルの次元は NULL として扱われる．これはベクトルが次元という属性を持っていないことを意味する．

```
## , , 1
##
##      [,1] [,2] [,3] [,4]
## [1,]    1    4    7   10
## [2,]    2    5    8   11
## [3,]    3    6    9   12
##
## , , 2
##
##      [,1] [,2] [,3] [,4]
## [1,]   13   16   19   22
## [2,]   14   17   20   23
## [3,]   15   18   21   24
```

この例では 1 から 24 の整数を格納する 3 × 4 × 2 の 3 次元配列（直方体）を作成している．実行結果はこの直方体を 2 つの 3 × 4 の行列（長方形）にスライスされた状態で表示されていることに注意したい．引数 dim で指定した c(3, 4, 2) はそれぞれ次元 1（行）・次元 2（列）・次元 3（奥行）のサイズ（長さ）を表している．

1.6.2 リスト・データフレーム

ベクトルや行列，配列には単一の型しか格納できないという制約があるため，例えば c(1, "a", TRUE) のように複数の型を混ぜてベクトルを作ろうとした場合，強制的に文字列型に変換されてしまう．これを型の強制変換（type coercion）[*10] という．また，行列や配列の各行（各列）は長さが同じにならなければならない．

一方でリストは異なる型の要素を異なる長さで格納できる．リストを作るには list 関数を用い，各要素をカンマで区切って指定する．

```
z <- list(c(TRUE, FALSE),        # 要素 1: 論理型, 長さ 2
          matrix(1:6, 3, 2),     # 要素 2: 3 × 2 の行列（数値）
          list("nested list", 1)) # 要素 3: 要素数 2 のリスト（文字列・数値）
```

上の例で作成したリスト z は 3 つの要素を持ち，それぞれ論理型ベクトル（長さ 2），数値型行列（サイズ 3 × 2），リスト（長さ 2）となっている．このようにリストは，リスト自身を含め様々なオブジェクトを自由に格納できる非常に柔軟なデータ構造となっている．

データフレームも異なる型を持つ要素を 1 つのオブジェクトとしてまとめることができるが，見た目（構造）が行列に近く，スプレッドシートで保存されているデータを読み込むのに適している．リストでいうところの各要素が行列の列（変数）に対応しており，各要素を同じ長さにして列方向に張り合わせることで行列のように表現することが可能となっている．別の言い方をすれば，データフレームは要素の長さがすべて同じリストである．

[*10]　型の強制変換は対象要素の中で最も優先度が高い型に合わせられる．優先度は論理値型，数値型，文字列型の順で高くなる．本文中の例では文字列型が最も優先度が高いため，戻り値が文字列ベクトルとなる．

1.7   要素の取り出し

　ベクトルや行列，リストの要素は角括弧（brackets または square brackets，[ ]）を使って取り出すことができる．具体的には以下の3つの方法のいずれかで要素を取り出すことができる．
　　1. 取り出したい要素の「位置」を「数値」で指定する
　　2. 取り出したい要素の「名前」を「文字列」で指定する
　　3. 各要素の「要否」を「論理値」で指定する
　次のスクリプトではこれら3つの方法でベクトルの要素を取り出している．

```
x <- 1:5
## ベクトルの各要素に名前を与える
names(x) <- c("1st", "2nd", "3rd", "4th", "5th")
print(x)
```

```
## 1st 2nd 3rd 4th 5th
##   1   2   3   4   5
```

```
x[c(2, 4)]            # 2番目と4番目の要素を取り出す
```

```
## 2nd 4th
##   2   4
```

```
x[c("2nd", "4th")]    # 名前が 2nd と 4th の要素を取り出す
```

```
## 2nd 4th
##   2   4
```

```
x[c(F, T, F, T, F)]  # TRUE = 要, FALSE = 不要
```

```
## 2nd 4th
##   2   4
```

　いずれの方法も角括弧内にベクトルを入れることで，xから2と4を取り出し，ベクトルとして戻り値を得ている．1番目と2番目の方法では取り出したい値に関連する情報だけを与えているのに対し，3番目の方法ではxのすべての要素について要否を指定していることに注意してほしい．別の言い方をすれば，論理値で指定する場合のみ，取り出し元のオブジェクトと同じ長さを持つベクトルを与えなければいけないということである．この「角括弧に渡すベクトルの長さ」は初心者が間違えやすい点になっているので注意してほしい．
　行列の要素の取り出しは行と列をカンマで分けて指定する．指定方法はベクトルと同じで，位置・名前・要否のいずれかを表すベクトルを角括弧に渡す．次のスクリプト例ではベクトルの例と同様，3つの方法で同じ要素を行列から取り出している．

```
X <- matrix(1:24, 4, 3)
rownames(X) <- paste0("r", 1:4)  # 名前（行名）を付与
colnames(X) <- paste0("c", 1:3)  # 列名を付与. paste0: 文字列を結合する関数
```

```
print(X)
```

```
##    c1 c2 c3
## r1  1  5  9
## r2  2  6 10
## r3  3  7 11
## r4  4  8 12
```

```
## 1行目または3行目に含まれ, かつ2列目または3列目に含まれるセル
X[c(1, 3), c(2, 3)]              # 位置を数値で指定
```

```
##    c2 c3
## r1  5  9
## r3  7 11
```

```
X[c("r1", "r3"), c("c2", "c3")]   # 行と列の名前を文字列で指定
```

```
##    c2 c3
## r1  5  9
## r3  7 11
```

```
X[c(T, F, T, F), c(F, T, T)]      # 行と列の要否を論理値で指定
```

```
##    c2 c3
## r1  5  9
## r3  7 11
```

リストの各要素へのアクセスには二重角括弧 [[ ]] を使う. 二重角括弧は単角括弧のように複数の要素を取り出すことができないが, 1つの要素をオリジナルのデータ構造のまま取り出すことができる. 以下の例では単角括弧と二重角括弧をリストに対して適用しているが, 結果がエラーになるかどうかと, 戻り値のデータ構造がリストかどうかに注目してほしい.

まずは位置を数値で指定してみよう.

```
## e1〜e5: リストの要素の名前
z <- list(e1 = 0,
          e2 = c(TRUE, FALSE),
          e3 = c("This is", "a", "string vector"),
          e4 = matrix(1:6, 3, 2),
          e5 = list(a = "nested list", b = 1))
z[c(1, 3)]    # 単角括弧にベクトルを渡すとリストが返る
```

```
## $e1
## [1] 0
##
## $e3
## [1] "This is"        "a"                "string vector"
```

```
z[[c(1, 3)]] # 二重角括弧にベクトルを渡すとエラー
```

```
## Error in z[[c(1, 3)]]: subscript out of bounds
```

```
z[[1]] + 1    # OK, z[[1]] は数値ベクトル
```

```
## [1] 1
```

```
z[1] + 1      # NG, z[1] はリスト
```

```
## Error in z[1] + 1: non-numeric argument to binary operator
```

次に要素名を文字列で指定してみよう.

```
z[c("e1", "e3")]    # 結果はリスト
```

```
## $e1
## [1] 0
##
## $e3
## [1] "This is"        "a"              "string vector"
```

```
z[[c("e1", "e3")]] # エラー
```

```
## Error in z[[c("e1", "e3")]]: subscript out of bounds
```

```
z[["e1"]]          # 最初の要素
```

```
## [1] 0
```

名前付きリストの場合は各要素へのアクセスに$を用いることができる[*11]. $を使う場合は要素名を$に続けて指定する[*12].

```
z[["e2"]]   # 引用符が必要
```

```
## [1]   TRUE FALSE
```

```
z$e2  # 引用符は不要
```

```
## [1]   TRUE FALSE
```

論理値で要素を取り出す場合はすべての要素について要否を指定しなければならないため,二重角括弧と論理値は通常,同時には使われない. 一方で, 単角括弧に論理ベクトルを渡すことで要素の取捨選択ができる. 次の例では単角括弧と論理値ベクトルを使ってリストのスライシングを行っている. 結果がリストとして返ってくることに注意してほしい.

[*11] $による要素へのアクセスはベクトルではできない.
[*12] 引用符(クォーテーションマーク)は要素名が数字始まりの場合には必要だが, それ以外の場合には必要ない(付けなくてもよい).

```
z[c(TRUE, FALSE, TRUE, FALSE, FALSE)]   # 1 番目と 3 番目の要素を残す
```

```
## $e1
## [1] 0
##
## $e3
## [1] "This is"         "a"             "string vector"
```

1.8　要素の上書き

　既に存在しているオブジェクトに対して代入操作を行うと中身が上書きされ，新しいものだけが記録されることとなる．このとき右辺に代入先のオブジェクト（左辺）を含む式を指定することができる．例えば a <- 10; a <- a + 1 というスクリプトは，はじめに a というオブジェクトに数値 10 を代入し，その a ($= 10$) に 1 を足して，計算結果を a に再代入している．したがってスクリプト実行後の a の中身は $10 + 1 = 11$ となる．

　上の例ではオブジェクト全体を上書きしたが，一部の要素だけを上書き（更新）することも可能である（下例参照）．

```
x <- matrix(1:6, 2, 3)   # 2 x 3 の行列
print(x)
```

```
##      [,1] [,2] [,3]
## [1,]   1    3    5
## [2,]   2    4    6
```

```
x[2, 3]   # (2, 3) 要素 = 6
```

```
## [1] 6
```

```
x[2, 3] <- 0   # (2, 3) 要素のみを 0 に置き換える
print(x)
```

```
##      [,1] [,2] [,3]
## [1,]   1    3    5
## [2,]   2    4    0
```

1.9　条 件 分 岐

1.9.1　if-else 構 文

　ある条件が満たされているかどうかによって処理を変えるには if-else 構文を使う．if-else 構文は

```
if (条件文) {
   条件が満たされた場合の処理
} else {
```

```
    条件が満たされなかった場合の処理
}
```

のように (1) 条件文と (2) 処理部分に分かれ，条件文には論理値（TRUE または FALSE）が返っ
てくるような式やオブジェクトを入れる．処理部分は通常，波括弧（braces, { }）で囲まれ
た部分（ブロック）[*13] に記述する．ブロック内であれば処理が複数行にわたってもよい．条
件文の直後のブロックには条件文で TRUE 返ってきた場合の処理を書き，else 以降のブロッ
クには条件文で FALSE が返ってきた場合の処理を書く．ただし else ブロックは必須ではな
く省略ができる．次の例では sample 関数を使って 1 から 100 の整数の中からランダムに 1
つ取り出し，それが偶数か奇数かを判定してコンソールに出力している．

```
## sample(x, size, replace = FALSE):
## x = 戻り値が取り得る値,
## size = 戻り値の長さ,
## replace = 戻り値が同じ値を含んでよいかどうか（復元抽出）
(x <- sample(1:100, 1))   # 1:100 の中から 1 つをランダムに選ぶ
```

```
## [1] 29
```

```
if (x %% 2 == 0) {   # x を 2 で割ったときの余りが 0 かどうか
  print("x は偶数です.")
} else {
  print("x は奇数です.")
}
```

```
## [1] "x は奇数です."
```

1.9.2　ifelse 関数

　分岐後の処理は簡単だが処理を繰り返さないといけないような場合には ifelse 関数を使
うことができる．例えば A, B, C という 3 つの選択肢を持つテスト項目について，正答選択
肢が B で，B を選んだ解答者には 1 点を与え，それ以外のものには 0 点を与えるようなスク
リプトは ifelse 関数を用いて次のように書くことができる．

```
(x <- sample(x = c("A", "B", "C"), size = 10, replace = TRUE))
```

```
## [1] "B" "A" "C" "C" "B" "B" "C" "A" "C" "B"
```

```
ifelse(x == "B", 1, 0)   # x == "B"の結果は論理値ベクトルであることに注意
```

```
## [1] 1 0 0 0 1 1 0 0 0 1
```

[*13]　{と}で囲まれた部分が字下げ（インデント）されているが，R の場合，字下げは必須ではない．ただ
し，処理が長い場合や入れ子になる場合にはスクリプトの構造を明確にするため，インデントによって入れ子
の深さを表現するのが慣例となっている．

1.10 繰り返し処理

プログラミングを学ぶメリットの1つに，高速で正確な反復処理ができるようになるということが挙げられるが，Rにも繰り返し処理のための構文・関数が複数実装されている．ここではそれらの中でも最も頻繁に使う for ループを紹介する．

1.10.1 for ループ

for ループは

```
for (ループ変数 in ベクトルまたはリスト) {
  処理部分
}
```

という書式になっており，ループ変数が in の後のベクトルやリストの各値を順に取りながら処理部分を繰り返していく．例えば次の例ではループ変数 i が1から3の整数を順に取りながら，print(i) という処理を繰り返している．

```
for (i in 1:3) {
  print(i)
}
```

```
## [1] 1
## [1] 2
## [1] 3
```

```
print(i)
```

```
## [1] 3
```

ここで for ループの実行前にループ変数 i が定義されていなくてもよいことや，ループ後も i が保存されていることに注意してほしい（ループ外にある print(i) の結果を見よ）．

もう少し複雑な例として，次のスクリプトでは1から100までの整数から一度に10個をランダムに選択し，その平均を取るという処理を 10,000 回繰り返し，各回の結果を x というベクトルに保存している．

```
## 結果の保存先となる長さ 10,000 の数値ベクトルを用意
x <- numeric(10000)
for (i in 1:10000) {  # i は1から10000まで1刻みで変化
  ## x の i 番目の要素として計算結果を保存
  x[i] <- mean(sample(1:100, 10))
}
```

このとき代入部分の左辺を x ではなく x[i] とすることで繰り返しの結果がすべて保存されていることに注意してほしい（左辺を x にするとオブジェクト全体が上書きされる）．

1.11 その他の関数

最後に，プログラムを書く上で必須ではないが，よく使われる関数を紹介する．これらの関数は RStudio の機能によって同等の操作が可能だが，関数として実行すると結果をオブジェクトとして保存できるようになる．以下に関数名と，それに対応する RStudio の機能をあわせて掲載しているので参考にしてほしい．

- ls: 作成したオブジェクトの一覧を文字列ベクトルとして取得（Environment 画面）
- str: オブジェクトの構造（長さ・データ型など）をコンソール上に表示（Environment 画面）
- head/tail: オブジェクトの最初/最後の部分を表示（デフォルトでは 6 要素）
- getwd: 作業ディレクトリ（working directory）の取得（Files 画面）
- setwd: 作業ディレクトリの設定（Files 画面）
- dir: ディレクトリ内のファイル名を文字列ベクトルとして取得（Files 画面）
- ?foo: foo という関数のヘルプを表示（help("foo") と同じ; Help 画面）
- apropos: apropos("foo") で foo を名前に含むオブジェクトの一覧を取得（Help 画面）

1.12 章のまとめ

本章では R の第一歩として，R の基本的な文法を学習した．この章で学習したことは以降の章で何度も繰り返し出てくるものである．以降の章で分からないスクリプトに出会ったときには，この第 1 章に戻って基本事項を確認してほしい．また，プログラミング言語としての R についてより深く学びたい読者には 間瀬 (2014) や Wickham (2014a) などを参考文献として挙げておく．なお，市川他 (2016) の原著である *Advanced R* (2014a) は Web で無料で公開されているので，英語に抵抗がない読者はそちらも参照のこと [14]．

---

[14] https://adv-r.hadley.nz/

2
RStudioの基礎

第1章ではRを単体で電卓のように使いながら基本的な文法を学んだ．本章ではRの統合開発環境（Integrated Development Environment; IDE）[1]であるRStudioの基本的な使い方を解説する．RStudioは様々な機能を備えており，その一部はポイント・アンド・クリックだけで利用することができる．このためRを単体で使うよりもずっと簡単に，そして効率的にRの使い方を学ぶことができる．本章では特にペイン（Pane）と呼ばれるRStudioの各画面の使い方とプロジェクト機能の解説をしていく．

2.1　RStudioの全体像

図2.1はRStudioのスクリーンショットである．図では4つのサブ画面が表示されているが，環境によっては一部の画面が最小化されている場合がある．その場合には各サブ画面の右上にある拡大ボタンまたは最大化ボタンをクリックすることで小さくなっている画面を表示させることができる[2]．図2.1の場合，ペイン①は「ソースペイン」（Source Pane）と呼ばれ，Rのスクリプトファイル（Rファイル）やR Markdownファイル（Rmdファイル）など，スクリプトを含むファイルを編集するのに用いる．ペイン②はコンソールペイン（Console Pane）で，第1章で行ったような対話的な入出力ができる．また，ソースペイン内のスクリプトをコンソールペインに転送・実行することもできる．図2.1のペイン②にはコンソールの他にターミナル（Terminal; Windowsの場合はコマンドプロンプト，macOSの場合はターミナル）やジョブ（Job; Rファイルをコンソールとは別のプロセスで実行できる）といったタブ[3]などもある．ペイン③はエンバイロメントペイン（Environment），ペイン④はパッケージペイン（Packages）が表示されている．ペインの中でも頻繁に利用するものについては，このあと詳しく説明していく．

2.2　ソースペイン

ソースペインではファイルの編集，特にスクリプトの編集を行う．図2.2はソースペイン

---

[1]　IDEはスクリプトを書いたり修正したりするのに必要なツール群（テキストエディタ・コンソール・デバッガ・ファイルマネージャなど）を1つのソフトウェアとしてまとめたもののことである．
[2]　その他の方法として，メニューから「View」→「Panes」と進み，「Show All Panes」をクリックすることで4画面すべてを表示することができる．ショートカットキーを使って同様の処理を行うことも可能である（Windowsの場合はControl + Alt + Shift + 0; macOSの場合はControl + Shift + 0）．
[3]　どのペインにどのタブを表示させるかは設定で変更可能．そのため設定によってはここの説明とは異なるペインに各タブが位置している場合がある．

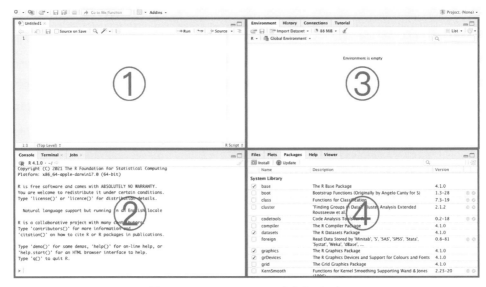

図 **2.1**　RStudio の 4 つの画面（ペイン）

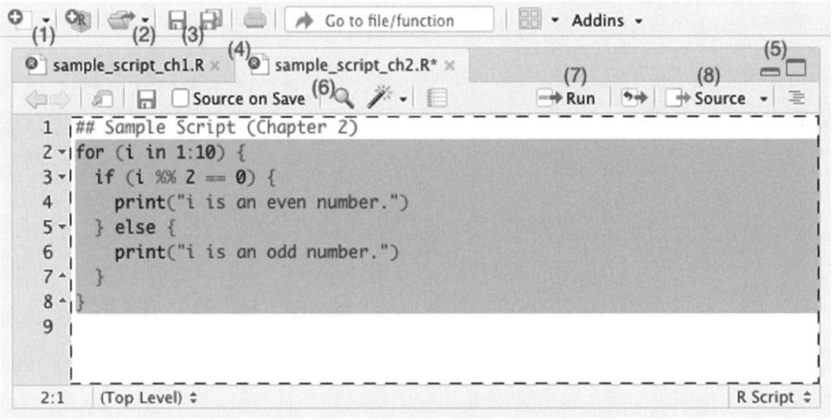

図 **2.2**　ソースペインの主な操作ボタン

　内で主に使う操作ボタンを表している．(1) は新しいファイルを作るためのボタンで，R スクリプト（R Script）や R Markdown などのファイル形式を選ぶことができる．(2) は既存のファイルを開くボタンで，すでに開いているファイルがある場合には新しいタブに選択したファイルが開かれる．(3) はファイルを保存するためのボタンで，左側が現在見ているファイルの保存，右側が現在開いているファイルすべての保存となっている．(4) は開いているファイルを表すタブである．図中では sample_script_ch1.R と sample_script_ch2.R という R ファイルが開かれており，後者のファイルを見ている状態となっている．保存していない変更があるため，ファイル名の右端にアスタリスク (*) が付いている．ファイルを閉じるにはタブ名の右端の × をクリックすればよい．(5) はペインを最小化（左），最大化（右）するためのボタンである．ペインがすでに最小化または最大化されているときには，表示されていないペインを表示させる（または最大化させる）ボタンに切り替わる．虫めがねのアイコンの (6) はファイル内で単語の検索・置換を行う際に用いる．このボタンを押すとペインの上部に検索・置換用のバーが出てくるので，左側の Find という入力欄に検索したい単語を入力

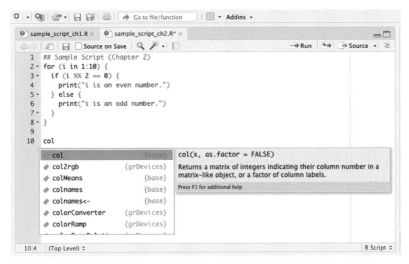

図 **2.3** ソースペインの補完機能

して Next または Prev というボタンをクリックすることで，カーソルより後（Next の場合）や前（Prev）に入力した単語が存在するか調べることができる．(7) は転送・実行ボタンで，クリックすることでソースペイン上の選択している部分（2～8 行目）または現在の行をコンソールに転送・実行することができる．ファイル全体を転送・実行する場合は (8) の Source ボタンを押せばよい．

　スクリプトの編集は図 2.2 の黒破線内のエリアで行う．ソースペインに書いたスクリプトのうち，R の文法として意味のある単語は色付きで表示される（ハイライト機能）．また，スクリプトを入力している途中にタブキー（Tab）を押すことで補完機能が起動し，それまでに入力された情報をもとに関数名や関数の引数，オブジェクトの要素名などが入力候補として表示される．図 2.3 では col までを入力したときの候補一覧を例として表示している．補完機能が作動すると図にあるように col で始まる関数が一覧になって表示され，そのままカーソルを合わせたままにしておくとその関数の簡単な解説（ヘルプ）が表示される（図右下の小窓部分）．この状態でエンターキーやタブキーを押すことで，その関数や引数全体がスクリプトに自動的に入力（補完）される．補完機能は正しい関数名や引数名が自動で入力されるので，誤字や脱字を減らすためにも積極的に利用してほしい．

2.3 コンソールペイン

　コンソールペインでは第 1 章で行ったような対話的な入出力ができる．使い方は単体の R と同じで，例えば Control + L で画面のクリア，エスケープキー（Esc）で入力待ち状態や実行中の処理のキャンセルができる．一部の機能はコンソールペインのボタンをクリックすることでも実行可能となっている．例えば図 2.4 では repeat 構文による繰り返し処理を実行中だが，このループは終了条件が書かれておらず無限ループとなっている．このような場合には画面右上にある STOP と書かれたアイコンを押すことで実行中の処理を止めることができる（Esc を押下してもよい）．また，STOP アイコンの右のほうきのアイコンはコンソール上に残っているスクリプトをクリアするボタンである（Control + L と同等）．

図 2.4　実行中のコンソールペイン

2.4　エンバイロメントペイン

　エンバイロメントペインでは現在のワークスペース上にあるオブジェクトを確認すること
ができる．ワークスペース（workspace）とは R がそのセッションで作られたオブジェクト
を保存している領域のことをいう．ワークスペースは RData ファイルとして書き出すことが
可能で，デフォルトでは R を閉じる際に現在のワークスペースを保存するかどうかを尋ねら
れる．

　図 2.5 は下記のスクリプトを実行後のエンバイロメントペインである．このスクリプトは
1 から 100 の整数から 10 個をランダムに選びその平均を計算するという処理を 10,000 回繰
り返し，その結果を result という名前のオブジェクトとして保存している．

```
R <- 10000   # 繰り返し回数
result <- numeric(R)   # 計算結果の入れ物
for (r in 1:R) {
  x <- sample(1:100, 10)   # 1～100 の整数から 10 個ランダムに選ぶ
  result[r] <- mean(x)     # 10 個の整数の平均を計算・保存
}
X <- data.frame(r = 1:R, result)
```

　実行後のワークスペースには r, R, result, x, X という 5 つのオブジェクトが保存されて
おり，それぞれ整数オブジェクト（スカラー），数値オブジェクト（スカラー），数値オブジェ
クト（ベクトル・長さ 10,000），整数オブジェクト（ベクトル・長さ 10），そしてデータフレー
ム（10,000 行・2 列）となっている．図 2.5 を見るとわかるように，データフレームは Data
という欄に，スカラーやベクトルは Values という欄にそれぞれ表示されている．データフ
レームとリストのオブジェクト名の左側にはアイコンが表示されているが，これをクリック
するとそのオブジェクトの要素（変数）が展開され，str 関数を適用したときのような表示
になる（図 2.5 は展開後のペイン）．また，エンバイロメントペイン内でオブジェクト名をク
リックすると（例：X），コンソールでそのオブジェクトを対象とした View 関数が実行され
(View(X))，新しいタブでオブジェクトの中身を確認することができる．

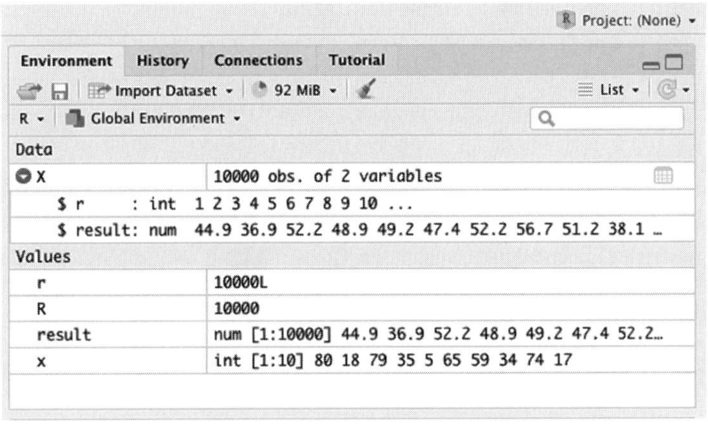

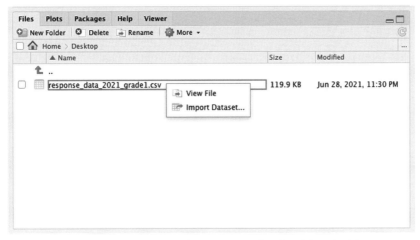

図 **2.5** サンプルスクリプト実行後のエンバイロメントペイン

2.5 ファイルペイン

ファイルペインではコンピュータ上にあるファイルやフォルダ[*4)] の操作・管理を行うことができる．ここではファイルペインを使ってデスクトップ[*5)] にある csv ファイルをワークスペースに読み込む例を通してファイルペインの使い方を解説する．

まずデスクトップに読み込むファイル（response_data_2021_grade1.csv）があることを確認する．図 2.6 のファイルペインではすでにデスクトップが表示されているが，デスクトップが表示されていない場合にはファイルペイン内のフォルダをクリックしていってデスクトップを表示させるか，右端にある ⋯ のアイコンをクリックすると出てくるウィンドウを使ってファイルペインにデスクトップを表示させる．図 2.6 のような状態になったら，読み込むファイル名をクリックし，ポップアップしてきたパネルの Import Dataset... をクリックす

図 **2.6** ファイルペインを使ったデータの読み込み（インポート）

[*4)] フォルダはディレクトリ（directory）と呼ばれることもある．

[*5)] Windows の場合，デスクトップのパス（ファイルの場所）は C:/Users/KH/Desktop，macOS の場合は/Users/KH/Desktop であることが多い（ユーザー名が KH であると仮定．KH の部分は実際のユーザー名に書き換えること）．

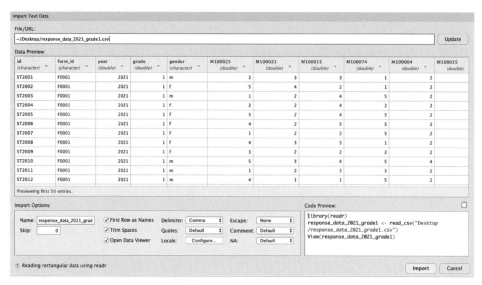

図 **2.7** インポート画面

る．すると図 2.7 のようなインポート画面が出てくるので *6)，インポートの手続きをスクリ
プトとして残す必要がないときにはそのまま右下にある Import ボタンを押し，スクリプト
を残す場合には右下の Code Preview 欄に表示されているコードをスクリプトファイルにコ
ピーアンドペーストする．Excel ファイル（.xlsx, .xls）や各種統計パッケージのデータファ
イル（SPSS データファイル [.sav]，SAS データファイル [.sas7bdat]，Stata データファイル
[.dta]）の場合も csv ファイルの場合と同じ流れでデータをインポートできる．その他のファ
イル（R ファイル [.R]，R Markdown ファイル [.Rmd]，テキストファイル [.txt] など）の場
合，ファイル名をクリックするとソースペインに新しいタブとしてファイルが開かれ，中身
を確認することができる．

2.6 プロットペイン

R で作成したグラフはプロットペインに表示される（図 2.8）．プロットペイン上部左側に
ある矢印のアイコンをクリックするとプロットの履歴を表示させることができる（左: 前の
プロット，右: 次のプロット）．Zoom と書かれたアイコンをクリックするとプロットペイ
ンに現在表示されている図を別ウィンドウで（拡大）表示させることができるようになる．
Export ボタンは画像をファイルとして書き出す際に用いる．Export ボタンをクリックする
と，(1) Save as Image，(2) Save as PDF，(3) Copy to Clipboard という 3 つの選択肢が表
示されるが，Save as Image を選ぶとファイル形式（Image format）*7) や保存先のフォルダ
（Directory）・ファイル名（File name），画像サイズ（幅（Width）・高さ（Height），単位は
ピクセル）などを入力する画面が出てくる．Save as PDF を選んだ場合にも同様の画面が出

---

*6) インポートに必要なパッケージ（**readr** パッケージなど）がインストールされていない場合はそれら
をインストールするかどうか尋ねるパネルが出てくる．インストールを選択すると，ジョブペインで関連パッ
ケージがインストールされる．

*7) PNG・JPEG・BMP といったラスター形式や SVG・EPS といったベクター形式が選択可能．

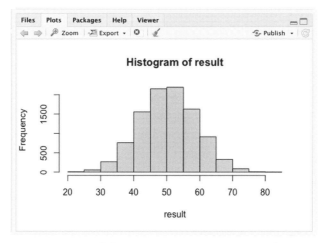

図 **2.8** R で作成したグラフのプロットペインでの表示

てくるが，指定する項目の細部が違っていたり（例：サイズの単位がインチ *8) になっている），ページの向き（Orientation）の指定ができるようになっている *9)．Export の右にあるアイコンは現在のプロットペインの画像を消すためのもので，さらに右側のアイコンは履歴を含めて画像をすべて消すためのものである．

2.7 パッケージペイン

　パッケージとはユーザーが開発した関数やサンプルデータをまとめたもののことで，インストールすることで R の機能を拡張することができる．世界中の R ユーザーが自身の開発したパッケージを CRAN*10) 上で公開しており *11)，2022 年 12 月段階で約 19,000 個のパッケージを CRAN から無料でダウンロード・インストールすることができる．例えば psych パッケージには因子分析などの心理統計学の手法を R で実行するための関数が含まれている（表 2.1）．以下では psych パッケージを例にして，RStudio の機能を使ってパッケージをインストールする方法と，コンソールからコマンドでインストールする方法を説明する．また，パッケージを読み込む（ロードする）方法もあわせて解説する．

2.7.1 パッケージのインストール

　RStudio にはポイント・アンド・クリックでパッケージをインストールする方法とコンソールにコマンドを入力してインストールする方法の 2 つがある．RStudio の機能を使ったインストール手順は次の通りである．

　1. パッケージペインを開き，Install ボタンをクリックする（図 2.9）．

---

*8)　1 インチ = 2.54 cm.
*9)　Portrait = 縦向き，Landscape = 横向き.
*10)　Comprehensive R Archive Network（https://cran.r-project.org/index.html），R の公式サイトのようなウェブサイトのこと.
*11)　近年は github 上で公開されているパッケージも増えており，github 上のパッケージをインストールするためのパッケージ・関数も存在する.

表 2.1 psych パッケージに含まれる関数の例

関数名	機能
alpha	Cronbach の α などを算出する.
cohen.d	Cohen の d を算出する.
describe	様々な記述統計量を算出する.
fa	探索的因子分析を実行する.
pairs.panels	散布図行列を作成する.

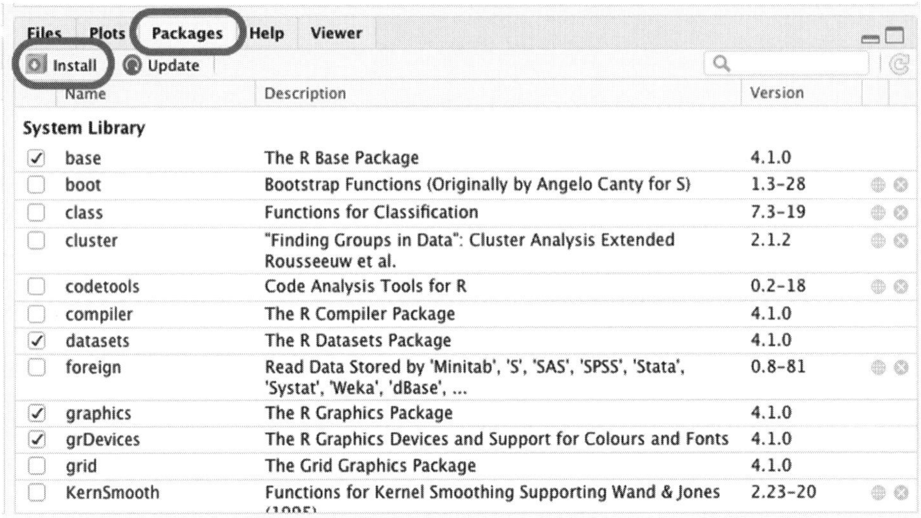

図 2.9 RStudio によるパッケージのインストール (Packages 画面)

2. 2 段目 [*12)] の「Packages (separate multiple with space or comma):」の入力欄にパッケージ名を (例: psych) 入れる (図 2.10).

3. 「Install dependencies」にチェックが入っていることを確認し,右下の「Install」ボタンをクリックする.

4. インストールが完了したら,Package 画面の一覧にインストールしたパッケージが表示されていることを確認する.

コンソールからインストールするには install.packages("psych") のようにインストールしたいパッケージの名前を文字列ベクトルにして (=パッケージ名を引用符で囲んで) install.packages 関数に渡す [*13)]. install.packages(c("psych", "mirt")) のようにベクトルを渡すことで,複数パッケージを同時にインストールすることもできる.

[*12)] 1 段目の「Install from:」では CRAN などのレポジトリからダウンロードしてインストールするか,ローカルのソースファイル (zip/tar.gz) からインストールするかを選択できる. また,3 段目の「Install to Library:」ではパッケージのインストールフォルダを指定することができる.

[*13)] どのサイト (レポジトリ) からパッケージをインストールするかを事前に設定していない場合,install.packages を実行後にレポジトリを選ぶ画面が出てくることがある. その場合にはどれか 1 つレポジトリを選択すればよい.

```
Install Packages

Install from:                    ? Configuring Repositories
  Repository (CRAN)                                        ⬍

Packages (separate multiple with space or comma):
  psy

  psy
  psych                  er/Library/R/x86_64/4.1/library [Default]    ⬍
  psychmeta
  psychmetadata dencies
  psycho
  psychometric
  psychomix                                    Install    Cancel
  psychonetrics
  psychotools
  psychotree
  psychReport
  psychrolib
  psychTools
  psycModel
  PsyControl
  psymetadata
  psymonitor
  psyosphere
  psyphy
  psyverse
```

図 **2.10** RStudio によるパッケージのインストール（パッケージの選択）

2.7.2 パッケージの読み込み

　インストールしたパッケージの読み込み（ロード）についても RStudio からの方法とコンソールからの方法の 2 通りがある．RStudio を使ってロードするにはパッケージペインのパッケージ一覧にあるチェックボックスをクリックする．コンソールでコマンドを使ってロードするには library(psych) または library("psych") のように library 関数にロードしたいパッケージの名前を渡して実行する．デフォルト設定ではパッケージ名をクォーテーションマークで囲んでも囲まなくても，どちらでもよい．またインストールとは違い，パッケージのロードは複数個同時に行うことはできないので，複数パッケージをロードする必要があるときには必要な分だけ library 関数を繰り返さなければならない．

2.7.3 パッケージのアップデート

　パッケージは開発者によって随時更新されていくため（バグの修正・機能追加など），ユーザーもパッケージをアップデートする必要がある．RStudio からパッケージをアップデートするには，パッケージペインの Install ボタンの隣りにある Update ボタンをクリックし，次の画面内でアップデートしたいパッケージを選択してから Install Updates をクリックする．コンソールからアップデートする場合には update.packages 関数を用いる．このとき，引数 ask を ask = TRUE（デフォルト）とすると各パッケージをアップデートするかどうかを Yes, no, cancel のうちから選び，都度コンソールに入力することになる．すべてのパッケージを更新する場合には update.packages(ask = FALSE) とするとよい（一つ一つパッケージを更新するかどうか聞かれないようになる）．

2.8　プロジェクト機能

　RStudio を使うメリットの 1 つにプロジェクト機能がある．プロジェクト機能を使うと
プロジェクトファイル（Rproj ファイル）があるフォルダが自動的に作業フォルダに設定さ
れ，ワークスペースの状態やコマンドの履歴，前のセッションで開いていたファイル（タブ）
などが記録されるようになる．その結果，プロジェクトファイルをダブルクリックで開いて
RStudio を起動することによって，分析を中断したときの環境を復元できるようになる．さ
らにプロジェクトフォルダ（プロジェクトファイルがあるフォルダのこと）にデータや分析
結果のファイルを一緒に保存することで分析のすべてがプロジェクトフォルダ内で完結し，
分析の再現性を高めることができる．以降の章はプロジェクト機能を使用し，プロジェクト
フォルダにすべてのファイルが保存されていることを前提として書かれている．

　プロジェクト機能を使うには，まずプロジェクトファイルを作成する．プロジェクトファ
イルの作成手順はプロジェクトフォルダが既に存在するかどうかによって 2 パターンに分か
れる．いずれの場合も図 2.11 で丸で囲まれている青色のアイコンをクリックすることでプロ
ジェクトの新規作成を始めることができる．次の画面（Create Project）ではプロジェクト
フォルダを新しく作るか，既存のフォルダをプロジェクトフォルダにするかを選択する．新
しくフォルダを作る場合は New Project をクリックする．さらに次の画面ではプロジェクト
のタイプ（Project Type）を指定することができるが，通常は New Project を選ぶ．最後に

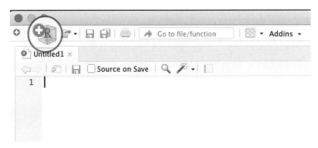

図 2.11　プロジェクトファイルを新規作成するためのアイコン

![New Project Wizard screen]

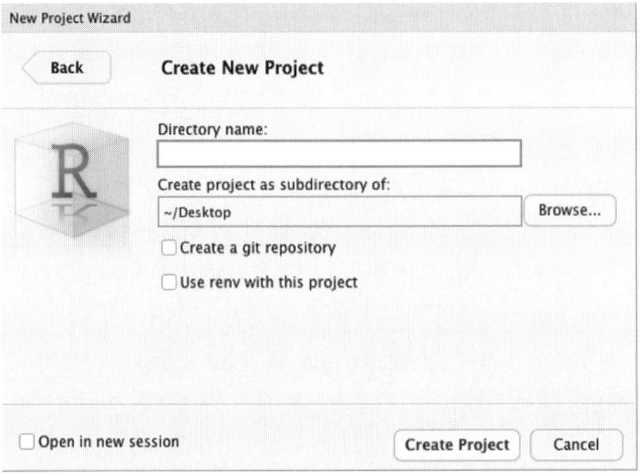

図 2.12　プロジェクトファイルを新規作成するためのアイコン

図 2.12 のような画面が出てくるので，新しく作るフォルダの名前を Directory name にタイプし，プロジェクトフォルダの場所を Browser をクリックして指定する．

　既存フォルダをプロジェクトフォルダとしてプロジェクトを立ち上げるには，図 2.11 のアイコンをクリック後に Existing Directory を選び，次の画面で Project working directory を Browser から指定する．

　いずれかの方法でプロジェクトのファイルを作ると，プロジェクトフォルダに「フォルダ名＋.Rproj」というファイルが作られる．この Rproj ファイル[14]にプロジェクトごとの RStudio の設定や種々の記録が保存されていく．

2.9　章のまとめ

　本章では R の IDE である RStudio の基本的な使い方を説明した．RStudio を使うことで R の機能を最大限に引き出すことができるようになる．特に第 8 章で扱う R Markdown でレポートを作成する際に RStudio は絶大な力を発揮する．以降の章でも折に触れて RStudio の使い方を解説していくので，本章とあわせて参照してほしい．

　残念ながら本章だけで RStudio の機能のすべてを説明することはできない．RStudio の使い方をより深く・広く学びたい読者は松村他 (2021) などを参照してほしい．

---

[14]　Rproj ファイルと同時に.Rproj.user という（隠し）フォルダも作られるが，このフォルダにも設定が記録される．

3

項　目　分　析

　テストデータ分析の第一歩は項目分析である．項目分析は主に古典的テスト理論 (Lord and Novick, 1968) に基づいてテスト項目の性能をデータを使って評価をすることを指す．項目分析を行うことによって難しすぎる項目や易しすぎる項目，測定すべきものを上手く測れていないと考えられる項目をあぶり出し，最終的に出題するかどうかを決めるレビューに回すことができるようになる．また，項目分析の各指標は項目反応理論 (IRT; 加藤他, 2014) のパラメータと密接に関係しているため，IRT によってうまく分析できるかどうかの試金石にもなる．

　本章では R のパッケージを使って項目分析を行う方法を解説する．また，本書を通して用いるデータの概要や項目分析を行う過程で必要とされる様々な前処理もあわせて説明する．

3.1　データの概要

　最初に本書を通して分析していくサンプルデータの概要を説明する．このデータは 1 学年 1,000 人が受検する中規模の学力テストを想定した人工データである．科目としては数学に相当するが，学習指導要領に基づく教科学力を測定するテストではなく，PISA や TIMSS のようなカリキュラム・フリーの「数的能力」を測定する多肢選択式テストを想定している．このテストは 1 年に 1 度，中学 1 年生から 3 年生の合計 3,000 人が受検することになっており，手元には 3 年分のデータがあるものとする．仮に 1 年目の実施が 2021 年であるとすると，2 年目は 2022 年，3 年目は 2023 年に実施されていることになり，5 つの生年コホート各 1,000 人が 3 年間で 1〜3 回受検している（図 3.1 参照）．このテストでは訓練効果・学習効果を避けるために学年と実施年度ごとに異なるテスト冊子（問題セット）を用いている．同時に，年度間の得点比較（等化．第 9 章，第 10 章を参照）を可能にするために，毎年出題項目の半分を前年と重複させ，残りの半分を新規項目で構成するという設計（等化デザイン）になっている（図 3.2 参照）[*1]．すべての解答データ（反応データ）は response_data.xlsx というファイルに冊子ごとに記録されており，本章ではその中の 2021 年度・1 年生のデータを使って分析を行っていく．当該データは response_data.xlsx の 2021.grade1 というシートに記録されているほか，response_data_2021_grade1.csv という個別のファイルとしても保存されている．

　以上が解答データについての概要である．この他にも各項目の正答選択肢や測定分野といった情報や，冊子と項目の対応関係，出題位置（出題順序），実施年度ごとの冊子の配布状況などを記録した test_information.xlsx というファイルも以降の分析に必要となる．

[*1] 2 年連続で出題された項目は，その年以降出題されないものとする．

	実施年度（使用冊子）		
	2021年	2022年	2023年

	2019年入学	3年生		
入学年度	2020年入学	2年生	3年生	
	2021年入学	1年生	2年生	3年生
	2022年入学		1年生	2年生
	2023年入学			1年生

図 **3.1** 学年・実施年度ごとの受検者と学年推移

1年生 重複率50% 全体共通項目なし	実施年度（使用冊子）		
	2021 （冊子1）	2022 （冊子4）	2023 （冊子7）
項目セット1	○		
項目セット2	○	○	
項目セット3		○	○
項目セット4			○

図 **3.2** 実施年度ごとの冊子構成（1 学年分）

3.2 分 析 の 流 れ

　分析を始めるにあたり，分析全体の流れを確認しておこう．表 3.1 は本章で行う項目分析の流れをまとめたものである．分析中に次の作業がわからなくなってしまった場合は，この表に立ち戻って確認してほしい．

　分析の最初のステップはデータの読み込みである．ここでは反応データ，項目情報，冊子情報の読み込みを行う．読み込みに必要な関数はファイル形式によって異なるが，ここでは心理・教育の分野で利用機会が多い csv ファイルと xlsx ファイルの 2 つを扱う．

　データの読み込みの次は採点（データの変換）を行う．このステップでは項目レベルの反応データを採点済みデータ（項目得点データ）に変換したり，採点済みデータから受検者ごとにテスト得点を算出する．

　これらの変換されたデータをもとに 3 つ目と 4 つ目のステップではテスト得点の要約と項目分析を行う．本章では psych パッケージ (Revelle, 2021) の関数を利用する．

　最後に分析結果をまとめて csv ファイルとして書き出す方法を解説する．

表 **3.1** 項目分析の流れ

順序	過程	内容
1	データの読み込み	項目情報・冊子情報・反応データなど関連データを読み込む．
2	反応データの採点	反応データを採点ルールに沿って採点する．
3	テスト得点の要約	冊子ごとにテスト得点の記述統計量を算出する．
4	項目分析	psych パッケージを用いた項目分析を実行する．
5	結果の書き出し	項目分析の結果をファイルとして書き出す．

3.3　外部データの読み込み

3.3.1　反応データ（csv ファイル）の読み込み

　それでは実際に項目分析を進めていこう．まず反応データの読み込みを行う．読み込む対象は 2021 年度の 1 年生の反応データを記録している response_data_2021_grade1.csv という csv ファイルである．csv ファイルはフィールド（列・変数）が半角カンマによって区切られているテキストファイルで，スプレッドシート形式で表現できるデータを格納することができる．csv 形式はファイルの読み書きに特定のソフトウェアを必要としないため，多くの分析ソフトウェアで入出力がサポートされている．R でも read.csv（読み込み）や write.csv（書き出し）がインストール時から利用できるようになっており，本章でもこれらの関数を使っていく．

　以下のスクリプト例では response_data_2021_grade1.csv を読み込み，R 上にオブジェクトとして保存している．

```
## csv ファイルの読み込み
dat <- read.csv(file = "response_data_2021_grade1.csv", na.strings = "-1")
```

　この例では read.csv の引数 file に response_data_2021_grade1.csv を指定し[*2]，読み込んだ結果を dat というオブジェクトとして保存している．正しく読み込めていれば dat は 55 変数（55 variables）について 1,000 人分の観測結果（1000 obs., obs. は observation の略）がデータフレーム（data frame）として保存されているはずである（RStudio の Enviroment 画面を参照，図 3.3）．このデータのように，教育テストデータでは行に人を，列に変数を配置することが多い．

　dat に含まれる 55 列のうち，最初の 5 列には解答者の属性（受検者 ID（id），冊子 ID

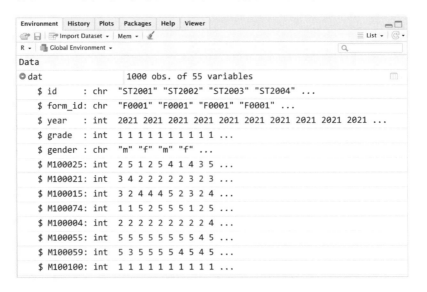

図 3.3　読み込んだ反応データのオブジェクト（RStudio のエンバイロメントペイン）

[*2]　本章の分析では R に読み込む外部ファイルはすべて作業フォルダに保存してあるものとする．

(form_id)，受検年度（year），学年（grade），性別（gender））が入っており，残りの50列に各項目への反応（選んだ選択肢）が記録されている．idとform_idとgenderには数値以外の文字が含まれているため，文字列型（character, chr）として読み込まれていることに注意したい．また，read.csv関数のna.stringsという引数は欠測値として処理されるべき値を指定している．今回の例では−1を指定しており，読み込まれたdatの中ではNAとして処理されている（例えば6行目・第51列など）．

3.3.2 テスト情報（xlsxファイル）の読み込み

次にExcelファイル（xlsxファイル）として保存してある項目情報と冊子情報を読み込む．

```
## Excel ファイルの読み込み
## 項目情報
library("readxl")
item_info <- read_excel(path = "test_information.xlsx", sheet = "item_info")
## 冊子情報
form_info <- read_excel(path = "test_information.xlsx", sheet = "form_info")
```

デフォルトのRにはExcelファイルを簡単に読み込む機能がないため，パッケージ（ライブラリー）をインストールして機能を拡張する必要がある．いくつかのパッケージがxlsxファイルの読み込み機能を提供しているが，ここではreadxlパッケージを使用する[3]．

読み込み元であるtext_information.xlsxのitem_infoシートには項目レベルの情報が含まれている．具体的には全項目の項目ID（item_id），出題対象の学年（grade），内容領域（content_domain），認知領域（cognitive_domain）といった情報が含まれている．同じファイルのform_infoシートには冊子ID（form_id），対象学年（grade），出題項目のID（item_id）およびその出題位置（order）といった冊子レベルの情報が含まれている．なお，ここでは読み込んでいないがtext_information.xlsxにはもう1つtest_infoというシートが含まれており，そこには実施年度と学年ごとに，どの冊子が使用されたかという情報が記録されている．

ここで注意したいのは，すでに3年分の実施実績があるため，item_infoとform_infoにはdatに含まれていない項目や冊子の情報も含まれている点である．以降の分析では頻繁に冊子内の項目の情報（例えば項目IDや出題順など）を利用することになるので，item_infoからdatに含まれている項目のみを抽出しておくと，後の分析をスムーズに行うことができるようになる．そこで次のステップではitem_infoとform_infoを組み合わせてdatに関する情報のみを含む新たなオブジェクトform1を作っていく．

具体的な手順は次の通りである．test_infoシートの情報によると2021年度の1年生はF0001というIDを持つ冊子を受検しているので，form_infoから当該冊子の部分を抽出し，form1という名前のオブジェクトとして保存する．これには組み込み関数のsubsetを用いることができる．新たに作られたform1には冊子ID（form_id），学年（grade），出題位置（order），項目ID（item_id）が含まれているが，正答選択肢（key）や内容領域（content_domain）といった情報は含まれていない．一方でitem_infoには正答選択肢や内容領域が含まれているが，冊子IDや出題位置などの情報が含まれていない．そこでこれら2つのデータに共通

して含まれている `item_id` を使って結合し，必要な情報を `form1` に追加する．この結合には組み込み関数の `merge` が利用できる．スクリプト例は次の通りである．

```
## dat（2021 年度 1 年生の反応データ）に関連する項目情報のみを抽出
form1 <- subset(form_info, form_id == "F0001")  # form_id が F0001 の行のみ抽出
form1 <- merge(x = form1, y = item_info, by = "item_id")  # 2 つのテーブルを結合
form1 <- form1[order(form1$order), ]  # 出題順に行を並び替える
head(form1)  # 先頭数項目を表示して結果をチェック
```

```
##    item_id form_id order key content_domain cognitive_domain
## 14 M100025  F0001     1   1         Number          Knowing
## 11 M100021  F0001     2   2         Number        Reasoning
## 7  M100015  F0001     3   4        Algebra        Reasoning
## 34 M100074  F0001     4   4       Geometry         Applying
## 2  M100004  F0001     5   2     Statistics          Knowing
## 26 M100055  F0001     6   5        Algebra          Knowing
```

上の例ではまず，`subset` 関数を使って `form_info` から冊子 F0001 の部分だけを抽出し，`form1` というオブジェクトとして保存している．そこから `merge` 関数を使って `form1` と `item_info` の 2 つのデータフレームを結合している．イメージとしては図 3.4 のように，冊子 F0001 に含まれている項目の key や `content_domain`，`cognitive_domain` といった変数を `item_info` から引っ張ってきて`form1` に付与するといったような処理になる．2 つのデータフレームの対応関係は引数 by によって指定されている．この例では `item_id` が 2 つのテーブルを結び付けるキー変数となっている．スクリプト例の 3 行目では結合されたデータフレームを出題順（order）に基づいて並び替えている．同じ名前でわかりにくくなっているが，`form1` に含まれている変数 order（= `form1$order`）を関数 order に与え，その結果を角括弧に渡して行を並び替えている（行の並び替えなので関数 order をカンマの前に入れている点に注意）．以上がデータの読み込みと，それに付随する事前処理となる．

3.4　反応データの採点

多肢選択式のテストの採点処理はデータの再コード化（リコード）と考えることができる．したがって，for ループと if 文などを使って採点処理を行うこともできるが，ここでは 2 値データ（正答・誤答）への変換を想定しているため，mirt パッケージ (Chalmers, 2012) に含まれている key2binary 関数を用いる．key2binary 関数は fulldata, key, score_missing という 3 つの引数を持ち，それぞれ反応データ，正答選択肢，欠測値を誤答扱いにするかどうかを指定する．score_missing は TRUE を指定すると欠測値は誤答と扱われ，0 でコードされる．score_missing = FALSE を指定すると欠測は欠測のまま処理され，NA が返される．次の例では fulldata としてデータフレームの dat を指定しているが，key2binary からの出力は行列になっていることに注意したい（スクリプト例の中で採点結果のクロス集計表を作成する際に単角括弧を使っていることに注目）．

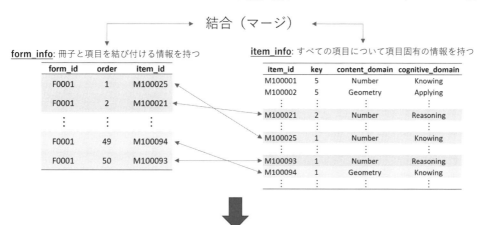

図 **3.4** 冊子情報と項目情報の結合

```
## テスト項目部分だけを切り出し，採点 (1 = 正答，0 = 誤答)
library("mirt")
response <- dat[form1$item_id]  # テスト項目のみ取り出す
scored <-
  key2binary(fulldata = response, key = form1$key, score_missing = TRUE)

## 最初の項目 M100025 の採点結果をチェック
## 正答選択肢のみが 1 に，他の選択肢が 0 に変換されていることをクロス集計表で確認
table(before = scored[, "M100025"],  # 行列に対しては$は使えない
      after = dat$M100025)
```

```
##        after
## before    1    2    3    4    5
##      0    0  117  150  139  124
##      1  470    0    0    0    0
```

3.5 テスト得点の要約

　次にテスト得点（正答数）の要約統計量を計算するために各人の正答数を算出する．下記のスクリプト例では，最初の処理で subset 関数を使って反応データから id, year, grade, gender を取り出して test_score という名前で保存し，2 つ目の処理で test_score に score という変数を追加している（test_score を作った段階では score という変数は存在しておらず，代入時に新たに作られていることに注意）．正答数の計算は前節で使った採点済みデー

タ（scored）に組み込み関数の rowSums を適用して求めている．3つ目の処理では summary
関数をテスト得点に適用して，五数要約（最小値 Min・25 パーセンタイル点 1st Qu.・中央
値 Median・75 パーセンタイル点 3rd Qu.・最大値 Max）と平均値（Mean）を算出している．

```
## 受検者情報の取り出し
test_score <- subset(dat, select = id:gender)
## 新変数 score を test_score に追加
test_score$score <- rowSums(scored)
## 五数要約 + 平均
summary(test_score$score)
```

```
##    Min. 1st Qu.  Median    Mean 3rd Qu.    Max.
##    1.00   21.00   30.00   29.36   38.00   50.00
```

　次に正答数の分布の様子を可視化するためにヒストグラム（histogram）と箱ひげ図（box
plot または box and whisker plot）を作成する．ヒストグラムと箱ひげ図はどちらも組み込
み関数で描くことができ，それぞれ hist 関数と boxplot 関数を用いる．hist 関数の主な
引数には x（ヒストグラムを作成したい変数），breaks（階級・区切り値の指定），xlab（x
軸のタイトル），main（グラフ全体のタイトル）などがある．boxplot 関数の主な引数には
x（箱ひげ図を作成したい変数），horizontal（箱ひげ図を横向きにするかどうか）などがあ
る．図 3.5 や図 3.6 から，正答数は山が1つの単峰的な分布で，0点側にやや裾の重い形状と
なっていることがわかる．また，0点や満点（50点）の受検者が存在するが，床効果・天井効
果が見られるほど多くはないこともわかり，当該受検者集団に対しては適切な難易度であっ
たことがわかる．

```
## ヒストグラム
hist(x = test_score$score,   # データ（ベクトル）
     breaks = seq(0, 50),    # 階級
     xlab = "Test Score",    # x 軸のラベル
     main = NULL)            # グラフタイトル（なし）
```

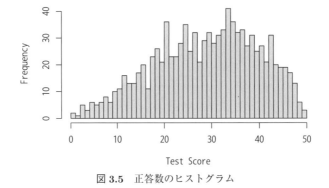

図 3.5　正答数のヒストグラム

```
## 箱ひげ図
boxplot(x = test_score$score,  # データ（ベクトル）
```

```
    horizontal = TRUE,      # 横向きにする
    xlab = "Test Score")    # x 軸のラベル
```

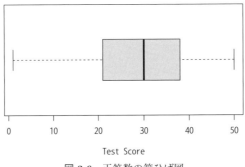

図 **3.6** 正答数の箱ひげ図

3.6 項目分析の実行

本章の項目分析では psych パッケージの alpha 関数を用いる．この関数はクロンバックの
α 係数 [4] など，信頼性係数（reliability coefficient）の推定値を求めるための関数だが，同時に項目分析の各指標も算出してくれる．alpha 関数の使い方は簡単で，採点済みのデータフレームまたは行列を指定するだけでよい．分析結果はそのままコンソール上に表示させることも可能だが，オブジェクトとして保存することも可能である．ここでは結果を csv ファイルとして出力することを想定しているので，オブジェクトとして保存した上でコンソール上に表示している．

```
library("psych")
result_iteman <- alpha(scored)  # 結果をオブジェクトとして保存
print(result_iteman)  # 結果を表示
```

```
##
## Reliability analysis
## Call: psych::alpha(x = scored)
##
##   raw_alpha std.alpha G6(smc) average_r S/N    ase mean   sd median_r
##        0.94      0.94    0.94      0.23 15 0.0028 0.59 0.22     0.23
##
##     95% confidence boundaries
##          lower alpha upper
## Feldt     0.93  0.94  0.94
## Duhachek  0.93  0.94  0.94
##
##   Reliability if an item is dropped:
```

---

[4] 内的一貫性（internal consistency）の程度を表すとされる指標で 0 から 1 までの値を取る（1 に近いほど内的一貫性が高い）．信頼性係数の下限となることが知られている．

```
##          raw_alpha std.alpha G6(smc) average_r S/N alpha se  var.r
## M100025      0.93     0.93     0.94      0.23   14   0.0029 0.0029
## M100021      0.93     0.93     0.94      0.23   14   0.0029 0.0029
## M100015      0.93     0.93     0.94      0.23   14   0.0029 0.0029
##          med.r
## M100025  0.23
## M100021  0.23
## M100015  0.23
##  [ reached 'max' / getOption("max.print") -- omitted 47 rows ]
##
##   Item statistics
##            n raw.r std.r r.cor r.drop mean   sd
## M100025 1000  0.56  0.56  0.55   0.53 0.47 0.50
## M100021 1000  0.51  0.52  0.50   0.48 0.81 0.40
## M100015 1000  0.55  0.55  0.53   0.52 0.63 0.48
## M100074 1000  0.46  0.45  0.44   0.43 0.23 0.42
##  [ reached 'max' / getOption("max.print") -- omitted 46 rows ]
##
## Non missing response frequency for each item
##            0    1 miss
## M100025 0.53 0.47    0
## M100021 0.19 0.81    0
## M100015 0.37 0.63    0
## M100074 0.77 0.23    0
## M100004 0.06 0.94    0
## M100055 0.12 0.88    0
## M100059 0.42 0.58    0
## M100100 0.06 0.94    0
## M100054 0.40 0.60    0
## M100053 0.24 0.76    0
##  [ reached getOption("max.print") -- omitted 40 rows ]
```

　alpha 関数の出力のうち，最初の Reliability analysis は信頼性係数の推定値を表示するセクションで，raw_alpha がクロンバックの α 係数を表している．次のセクション（Reliability if an item is dropped）では項目分析によく用いられる，当該項目を分析から除いた場合の α 係数 [*5)] が表示されている．次の Item statistics のセクションでは項目平均（mean）や標準偏差（sd），点双列相関（raw.r）[*6)]，当該項目を除いた場合の点双列相関（r.drop）などが表示されている．最後のセクションである Non missing response frequency for each item では選択肢（変数の各値）についての出現割合が表示されており，2 値データの場合は項目誤

　[*5)] α 係数は項目数の関数であり，項目を減らすと基本的に値は小さくなる．したがって除外した方が値が高くなる場合，その項目は他の項目とは違うものを測っている（内的一貫性が低い）と考えられる．
　[*6)] 2 値変数（その項目の正誤）と連続変数（テスト得点）の相関係数のこと．項目分析では項目-テスト相関や I-T 相関（item-test correlation）とも呼ばれ，各項目がどの程度テスト全体が測定しているものと関連しているかを表す．点双列相関も α 係数と同様，当該項目を除外すると値が低くなることが想定されるので，除外した方が値が高くなる場合には項目の内容を精査した方がよい．

答率（0）と項目正答率（1），欠測率（miss）が表示される．

　以上がコンソール上で確認できる情報だが，alpha 関数の実行結果のオブジェクト（result_iteman）にはコンソールに表示されるよりも多くの情報が含まれている．実際，出力オブジェクトの要素名を names 関数で確認すると次のようになる．

```
names(result_iteman)
```

```
##  [1] "total"       "alpha.drop"  "item.stats"   "response.freq"
##  [5] "keys"        "scores"      "nvar"         "boot.ci"
##  [9] "boot"        "feldt"       "Unidim"       "var.r"
## [13] "Fit"         "call"        "title"
```

　これらの要素の中で項目分析の結果を含んでいるのは item.stats と alpha.drop である．alpha 関数からの出力はリストなので，各要素へアクセスするには二重角括弧（[[ ]]），またはドルマーク（$）を使用する．

```
print(result_iteman[["item.stats"]], max = 30)   # 項目平均・SD・点双列相関など
```

```
##            n     raw.r      std.r      r.cor    r.drop  mean        sd
## M100025 1000 0.5644319 0.5576110 0.5464228 0.5320631 0.470 0.4993489
## M100021 1000 0.5085447 0.5174491 0.5046285 0.4809511 0.806 0.3956267
## M100015 1000 0.5497683 0.5461789 0.5346308 0.5177054 0.626 0.4841057
## M100074 1000 0.4581837 0.4529786 0.4353716 0.4270268 0.228 0.4197525
##  [ reached 'max' / getOption("max.print") -- omitted 46 rows ]
```

```
print(result_iteman$alpha.drop, max = 30)   # 各項目を除外した場合の α 係数など
```

```
##         raw_alpha std.alpha  G6(smc) average_r      S/N      alpha se
## M100025 0.9345273 0.9344664 0.9378679 0.2254111 14.25936 0.002907443
## M100021 0.9349557 0.9347602 0.9380378 0.2262515 14.32807 0.002886746
## M100015 0.9346416 0.9345503 0.9379019 0.2256503 14.27890 0.002901656
##              var.r      med.r
## M100025 0.002903365 0.2269222
## M100021 0.002937201 0.2278720
## M100015 0.002906797 0.2270250
##  [ reached 'max' / getOption("max.print") -- omitted 47 rows ]
```

　次の節では，このようにして取り出した項目分析の結果を整理し，外部ファイルとして書き出し・保存する方法を見ていく．

3.7 結果の書き出し

　最後に分析結果と項目情報をまとめたオブジェクトを生成し，それを csv ファイルとして書き出す処理を行う．

```
## result_iteman の中の item.stats から変数を抽出
attach(result_iteman$item.stats)   # item.stats をサーチパスに追加
```

```
## output1: 信頼性係数以外の情報
output1 <-
  data.frame(item_id = rownames(result_iteman$item.stats),
             N = n,
             mean = mean,
             sd = sd,
             pbs = raw.r,
             pbs_drop = r.drop)
detach(result_iteman$item.stats)  # item.stats をサーチパスから外す

## output2: 信頼性係数に関する情報
output2 <-
  data.frame(item_id = rownames(result_iteman$alpha.drop),
             alpha = result_iteman$total$raw_alpha,
             alpha_drop = result_iteman$alpha.drop$raw_alpha)

## output: 最終的に出力するオブジェクト
output <- merge(output1, output2, by = "item_id", sort = FALSE)
output <- merge(form1, output, by = "item_id", sort = FALSE)
str(output, list.len = 5, vec.len = 3)  # 表示内容を制限
```

```
## 'data.frame':    50 obs. of  13 variables:
##  $ item_id        : chr  "M100025" "M100021" "M100015" ...
##  $ form_id        : chr  "F0001" "F0001" "F0001" ...
##  $ order          : num  1 2 3 4 5 6 7 8 ...
##  $ key            : num  1 2 4 4 2 5 5 1 ...
##  $ content_domain : chr  "Number" "Number" "Algebra" ...
##    [list output truncated]
```

attach 関数は最初の引数にデータフレームまたは（名前付き）リストを取り，そのオブジェクトをサーチパス[*7)]に追加する．オブジェクトをサーチパスに追加することによって，データフレームの変数またはリストの各要素にアクセスする際に必要なオブジェクト名とドルマーク（$）を省略することができる（attach を使っていない output2 と比較せよ）．output1 に格納した変数は項目 ID（item_id），解答者数（N），正答率・平均項目得点（mean），項目得点標準偏差（sd），項目-テスト相関・点双列相関（point-biserial correlation; pbs），当該項目をテスト得点に含まない場合の項目-テスト相関（pbs_drop）の6つである．output2 に格納した変数は項目 ID（item_id）[*8)]，クロンバックの α 係数（alpha）[*9)]，当該項目を除外した α 係数（alpha_drop）の3つである．最終的な出力用オブジェクトは50項目 × 13 変数のデータフレームとなっている．

データフレームのようなスプレッドシート形式のオブジェクトは write.csv 関数を使って

[*7)] R がオブジェクトを探す範囲とその順序のことを言う．search 関数によって確認することができる．
[*8)] output1 や form1 と結合するためのキー変数として必要となる．
[*9)] 冊子単位の指標なので全項目で同じ値を代入している．

csv ファイルとして書き出すことができる.

```
write.csv(x = output,
          file = "item_analysis_result_2021_grade1.csv",
          row.names = FALSE)
```

　write.csv 関数の最初の引数に書き出したいオブジェクト (x), 2つ目の引数にファイル名 (file) を取る. 上記の例で3つ目の引数になっている row.names はオプションで, csv ファイルに x の行名を含めるかどうかを指定する引数である. デフォルト値は TRUE であるが, この例では必要ないので FALSE を指定している.

　また, 以降の分析で再利用できるように冊子情報 (form1) や採点済みデータ (scored) も csv ファイルとして出力する. ただし, scored には個人を識別する情報が含まれていないため, テスト得点データ (test_score) と結合してから出力することにする.

```
## 冊子情報の書き出し
write.csv(form1, "forminfo_F0001.csv", row.names = FALSE)

## テスト得点・採点済みデータの書き出し
out_score <- cbind(test_score, scored)  # cbind: 列方向に結合
write.csv(out_score, "scored_data_2021_grade1.csv", row.names = FALSE)
```

3.8　章 の ま と め

　本章では教育テストデータの R による分析の第一歩として, パッケージを使った項目分析を行った. 項目分析はこれ以降の本格的な分析を行う際に基礎となる情報を提供する. 例えば, 項目正答率や点双列相関係数などは項目情報として登録してある正答選択肢が正しいかどうかの確認に用いることができる (登録している正答選択肢が間違っている場合, 不当に低い正答率になったり, 負の点双列相関が得られることが多い). また, 項目正答率や点双列相関係数は項目反応理論における項目パラメータと一定の関係にあるので, それらのパラメータの粗い推定値や初期値として用いることができる. このように項目分析は単純な分析でありながら非常に重要な意味を持つため, 教育テストデータの解析に必ず組み込まれるべきステップである. また, 項目分析は初学者でも取り組みやすい工程数や難度となっているため, R や RStudio の操作に慣れるための題材としても有用である. R の操作に自信がない場合には, 本章で紹介した一連の分析がよいトレーニングになるであろう.

　本書はどのように分析を実行するかに焦点を当てているため, 各指標を計算するモチベーションや詳細な定義, 解釈の方法などにはほとんど触れていない. また, テスト理論の最も重要な概念である「妥当性」や「信頼性」についてもほとんど触れていない. こういった項目分析の理論的な側面を知りたい読者は 池田 (2007) や 加藤他 (2014), 光永 (2017) などを参照してほしい.

4
tidyverse 入門 1：
dplyr/tidyr によるデータの整形

本章では tidyverse の中核を担う dplyr パッケージと tidyr パッケージに含まれる関数を紹介する．tidyverse はデータサイエンスのために設計された一連のパッケージ群のことで，各パッケージが「整然データ」(tidy data) という共通のアイデアに基づいて設計されている．tidyverse に含まれているパッケージは多岐にわたるが，2022 年 12 月現在で以下の 8 つのパッケージがコアパッケージとされている．

1. ggplot2: 整然データからの作図
2. dplyr: 整然データの加工・集計
3. tidyr: 整然データ化
4. readr: データファイルの読み込み
5. purrr: 関数プログラミング，リストの処理
6. tibble: tidyverse におけるデータフレーム
7. stringr: 文字列の処理
8. forcats 因子型の処理

整然データは分析に適したデータ構造の規格として考えることができ，tidyverse はその規格を満たすデータを包括的に取り扱うためのパッケージ群であると見ることができる．この規格に準じることでデータやスクリプトをスムーズに共有できるようになり，効率的なデータ解析が可能になる．中でも dplyr と tidyr は，原則的に 1 つの処理を 1 つの関数で行うように設計されており，パイプ演算子%>%をあわせて使うことでスクリプトの可読性を高めている．本章では tidyr パッケージを用いて非整然データを整然化し，その整然データと dplyr パッケージを使ってデータの基礎集計ができるようになることを目指す．

4.1 整 然 デ ー タ

tidyverse 開発チームの中心メンバーである Hadley Wickham は Wickham and Grolemund (2017) において次のような構造を持つデータを整然データと定義している（括弧内は筆者による追記）．

1. 1 つの変数 (variable) が 1 つの列 (column，縦方向のまとまり) になっていなければならない．
2. 1 つの観測 (observation) が 1 つの行 (row，横方向のまとまり) になっていなければならない．
3. 1 つの値 (value) が 1 つのセル (cell，マス目) になっていなければならない．

Wickham (2014b) では 3 つ目の条件が「1 つの観測単位のタイプ（type of observation

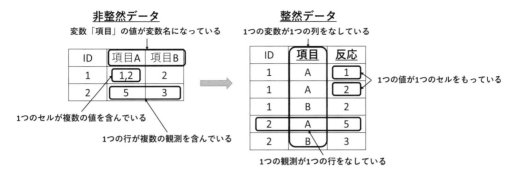

図 4.1　非整然データ・整然データの例

unit）が 1 つの表をなしている」と別の条件になっている．この条件は図 4.1 の例において，受検者情報（性別・年齢など）や項目情報（出題位置・正答選択肢など）はそれぞれ反応データとは別の表（テーブル）として取り扱うべきだという主張である．西原 (2017) ではこの観測単位のタイプに関する条件を 4 つ目の条件として整然データの定義に含め，Wickham and Grolemund (2017) と Wickham (2014b) の定義を統合している．

図 4.1 は同一の情報を非整然データと整然データとしてそれぞれ表したものである．一見すると非整然データも整然データもスプレッドシートのような形式になっており，どちらのデータも理解しやすい形になっているように見えるかもしれない．しかし，データ解析を行う上では規則的に情報が配置されている整然データの方がデータの読み込み，変数の追加・削除，表の結合，情報のアップデートなどの処理が格段に行いやすい．以下では dplyr パッケージと tidyr パッケージを使い，データが図 4.1 右のような構造を持つよう変形していく方法を解説していく．

4.2　dplyr パッケージ

dplyr パッケージはすでに整然化されているデータフレームを加工するための関数を提供している．例えば変数の追加・削除，行の選択・並び替え，変数の集計などを dplyr パッケージの関数で行うことができる．ここでは最初に基本となる 6 つの関数を紹介する．これらの関数は基本動詞（basic verbs）と呼ばれており，1 つの加工を 1 つの動詞（関数）で実行するように設計されている．データ解析で必要な前処理の多くはこれら 6 つの関数の組み合わせで実行可能であるとされており，基本動詞の使い方をマスターすることによってデータクリーニングの効率を大きく向上させることができる．

基本動詞は (1) 行の操作（filter, arrange），(2) 列の操作（select, mutate），(3) 変数の集計（summarize），そして (4) 処理グループの指定（group_by）の 4 つのカテゴリーに分けることができる．以下ではカテゴリーごとに基本動詞を紹介していく．

4.2.1　filter（行の選択）

filter 基本書式

```
filter(データフレーム, 条件式 1, 条件式 2, ...)
```

filter は条件式（例：x >= 5）を用いて行の選択を行う関数で，条件式の結果が TRUE と

データフレーム X

ID	項目	反応
1	A	1
1	A	2
1	B	5
2	A	2
2	B	3

filter(X, 項目 == "B")

項目Bの観測のみ抽出

ID	項目	反応
1	B	5
2	B	3

図 4.2　filter 関数の処理（行の選択）

なる行のみを返す．したがって，戻り値の行数は入力したデータフレームと同じか少なくなる．一方で列は入力と同じものが返される（図 4.2）．

　行の抽出に用いられる条件式はカンマで区切ることで複数個指定できる．この場合，すべての条件式の論理積（要素単位）によって最終的な戻り値が決まる．したがって filter(データフレーム，条件式 1，条件式 2) は filter(データフレーム，条件式 1 & 条件式 2) と等しい結果を返す．

　条件式の指定にはデータフレームに含まれている変数を用いることができる．このとき A\$x > 5 のように\$を用いる必要はなく，変数名を引用符なしで直接使うことができる（下例を参照）．

```
## filter 関数使用例
## パッケージ読み込み
library(dplyr)  # または library(tidyverse)

## 項目分析の結果を読み込む
iteman <- read.csv("item_analysis_result_2021_grade1.csv")
iteman <- as_tibble(iteman)  # tidyverse 用のデータフレームである tibble に変換
print(iteman)
```

```
## # A tibble: 50 x 13
##   item_id form_id order   key content_domain cognitive_domain     N
##   <chr>   <chr>   <int> <int> <chr>          <chr>            <int>
## 1 M100025 F0001       1     1 Number         Knowing           1000
## 2 M100021 F0001       2     2 Number         Reasoning         1000
## 3 M100015 F0001       3     4 Algebra        Reasoning         1000
## 4 M100074 F0001       4     4 Geometry       Applying          1000
## 5 M100004 F0001       5     2 Statistics     Knowing           1000
## # ... with 45 more rows, and 6 more variables: mean <dbl>, sd <dbl>,
## #   pbs <dbl>, ...
```

```
## 行の選択
## 内容領域が Number の項目のみ
filter(iteman, content_domain == "Number")
```

```
## # A tibble: 13 x 13
##   item_id form_id order   key content_domain cognitive_domain     N
##    <chr>   <chr>   <int> <int> <chr>          <chr>            <int>
```

```
## 1 M100025 F0001       1     1 Number        Knowing           1000
## 2 M100021 F0001       2     2 Number        Reasoning         1000
## 3 M100053 F0001      10     3 Number        Applying          1000
## 4 M100073 F0001      12     3 Number        Knowing           1000
## 5 M100077 F0001      14     2 Number        Applying          1000
## # ... with 8 more rows, and 6 more variables: mean <dbl>, sd <dbl>,
## #   pbs <dbl>, ...
```

```
## 当該項目を除外したクロンバックの α が通常の α より大きい項目
## 条件式の中で変数を用いた計算ができる
filter(iteman, alpha < alpha_drop)  # このデータにはない
```

```
## # A tibble: 0 x 13
## # ... with 13 variables: item_id <chr>, form_id <chr>, order <int>,
## #   ...
```

4.2.2 arrange（行の並び替え）

> **arrange 基本書式**
>
> arrange(データフレーム，基準変数名 1，基準変数名 2，...) # 昇順
> arrange(データフレーム，desc(基準変数名)，...) # 降順

　arrange は変数の値に基づいて行の並び替え（ソート）を行う関数である（図 4.3）．基準変数は複数指定でき，指定した順に優先順位が高くなる．デフォルトでは昇順でソートされるので，降順にしたい場合には基準変数を desc 関数で囲む（下記スクリプト例を参照）．行を並び替えるだけなので，戻り値は入力のデータフレームと同じ行数と列数を持つ．

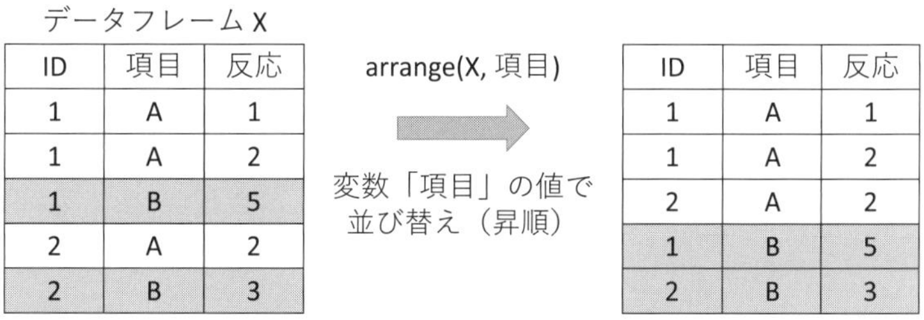

図 4.3　arrange 関数の処理（行の並び替え）

```
## arrange 関数使用例
## 内容領域，認知領域の順でソートされる
arrange(iteman, content_domain, cognitive_domain)
```

```
## # A tibble: 50 x 13
##    item_id form_id order    key content_domain cognitive_domain       N
##    <chr>   <chr>   <int>  <int> <chr>          <chr>               <int>
## 1 M100059 F0001       7      5 Algebra        Applying             1000
## 2 M100083 F0001      29      5 Algebra        Applying             1000
```

```
## 3 M100095 F0001       44       1 Algebra       Applying       1000
## 4 M100055 F0001        6       5 Algebra       Knowing        1000
## 5 M100031 F0001       16       4 Algebra       Knowing        1000
## # ... with 45 more rows, and 6 more variables: mean <dbl>, sd <dbl>,
## #   pbs <dbl>, ...
```

```
## 認知領域を基準に行を並び替え（降順）
arrange(iteman, desc(cognitive_domain))
```

```
## # A tibble: 50 x 13
##    item_id form_id order   key content_domain cognitive_domain     N
##    <chr>   <chr>   <int> <int> <chr>          <chr>            <int>
## 1 M100021 F0001       2     2 Number         Reasoning         1000
## 2 M100015 F0001       3     4 Algebra        Reasoning         1000
## 3 M100054 F0001       9     1 Geometry       Reasoning         1000
## 4 M100048 F0001      19     5 Statistics     Reasoning         1000
## 5 M100024 F0001      20     1 Statistics     Reasoning         1000
## # ... with 45 more rows, and 6 more variables: mean <dbl>, sd <dbl>,
## #   pbs <dbl>, ...
```

4.2.3 select（列の選択・リネーム）

┌─ select 基本書式 ─────────────────────────────
  select(データフレーム，変数名 1，変数名 2，...)
  select(データフレーム，新変数名 = 現変数名)
└──

　select は列の選択を行う関数で，選択された列のみを含むデータフレームを返す（図 4.4）.
このとき戻り値の列順は select 内で指定した順となる.また，select は列名の変更（リ
ネーム）を行うこともできる.戻り値は入力と同じ行数を持つが列数は同じか少なくなる.

```
## 変数は指定した順に配置される
select(iteman, order, form_id, item_id)
```

```
## # A tibble: 50 x 3
##    order form_id item_id
##    <int> <chr>   <chr>
## 1      1 F0001   M100025
## 2      2 F0001   M100021
## 3      3 F0001   M100015
## 4      4 F0001   M100074
## 5      5 F0001   M100004
## # ... with 45 more rows
```

```
## mean を M とリネームしたうえで抽出
select(iteman, item_id, M = mean)
```

```
## # A tibble: 50 x 2
```

```
##    item_id      M
##    <chr>    <dbl>
## 1 M100025  0.47
## 2 M100021  0.806
## 3 M100015  0.626
## 4 M100074  0.228
## 5 M100004  0.945
## # ... with 45 more rows
```

データフレーム X

ID	項目	**反応**
1	A	1
1	A	2
1	B	5
2	A	2
2	B	3

select(X, 項目, 解答 =反応)

- 変数「項目」と「反応」を選択
- 変数名「反応」を「解答」に変更

項目	**解答**
A	1
A	2
B	5
A	2
B	3

図 4.4　select 関数の処理（列の選択）

　上記の例では抽出する変数名を直接書いて指定したが，この方法では選択する変数が多い場合に不便である．そのような場合には以下のシンタックスや補助関数（ヘルパー関数）を使うことで効率的に列の指定ができる．

┌─ tidyselect パッケージの補助関数 ──────────

a:b	変数 a から変数 b の間に含まれる変数
!a	変数 a 以外の変数
c(a, b)	変数 a と変数 b
everything()	全変数
starts_with("a")	変数名が "a" で始まる変数
ends_with("a")	変数名が "a" で終わる変数
contains("a")	変数名が "a" を含む変数
matches("^a[0-9]")	変数名が "a" で始まり，次に数字がくる変数（正規表現）
all_of(x)	ベクトル x に含まれる変数すべて（名前・位置）
any_of(x)	ベクトル x に含まれる変数（名前・位置）
where(x)	論理値ベクトル x の結果が TRUE になる変数

```
## 補助関数の使用例
## form_id から cognitive_domain の間にない変数（列数が減ることに注目）
select(iteman, !form_id:cognitive_domain)

## # A tibble: 50 x 8
##    item_id      N  mean    sd   pbs pbs_drop alpha alpha_drop
##    <chr>    <int> <dbl> <dbl> <dbl>    <dbl> <dbl>      <dbl>
## 1 M100025   1000  0.47 0.499 0.564    0.532 0.936      0.935
```

```
## 2 M100021  1000 0.806 0.396 0.509      0.481 0.936      0.935
## 3 M100015  1000 0.626 0.484 0.550      0.518 0.936      0.935
## 4 M100074  1000 0.228 0.420 0.458      0.427 0.936      0.935
## 5 M100004  1000 0.945 0.228 0.360      0.342 0.936      0.936
## # ... with 45 more rows
```

```
## everything を用いた列の並び替え
## order を 1 列目に配置し，残りはそのまま
## relocate 関数を使って relocate(iteman, order, .before = item_id) とも書ける
select(iteman, order, everything())
```

```
## # A tibble: 50 x 13
##    order item_id form_id   key content_domain cognitive_domain     N
##    <int> <chr>   <chr>   <int> <chr>          <chr>            <int>
## 1      1 M100025 F0001       1 Number         Knowing           1000
## 2      2 M100021 F0001       2 Number         Reasoning         1000
## 3      3 M100015 F0001       4 Algebra        Reasoning         1000
## 4      4 M100074 F0001       4 Geometry       Applying          1000
## 5      5 M100004 F0001       2 Statistics     Knowing           1000
## # ... with 45 more rows, and 6 more variables: mean <dbl>, sd <dbl>,
## #   pbs <dbl>, ...
```

　select 関数の使用上の注意として，同名の関数がMASS パッケージにも含まれており，パッケージのロードの順によっては意図せずして MASS パッケージの select 関数を使用してしまうというものがある．単にコンソールに select と入力したとき，どちらの select が呼び出されるかは，どちらのパッケージを後に呼び出したかによって決まる．今どちらの select が呼び出されているかを確認するには，(1) コンソールにselect と直接括弧なしで入力・実行して戻り値を見る，(2) get 関数を用いる，のいずれかを行えばよい（これらは同じ処理を行っている）．

```
library(dplyr)
library(MASS)   # select が重複しているので警告が表示される
```

```
##
## Attaching package: 'MASS'
## The following object is masked from 'package:dplyr':
##
##     select
```

```
select  # or get("select")
```

```
## function (obj)
## UseMethod("select")
## <bytecode: 0x7f95c71a5190>
## <environment: namespace:MASS>
```

　出力の最後の行に書かれている<environment: namespace:MASS>が現在の select 関数

が含まれているパッケージ（正確には名前空間）を表しており，この例では MASS パッケージから select が呼び出されていることがわかる．この現象は MASS パッケージを直接ロードしていなくても他のパッケージが MASS パッケージを呼び出している場合にも起こり得るので注意が必要である．

呼び出し元のパッケージを指定して関数を呼び出すには関数名の前にコロンを 2 つ置き，さらにその前にパッケージ名を書けばよい（例：dplyr::select, MASS::select）．また，MASS パッケージ全体を使わないことが明らかな場合には detach("package:MASS") とコンソールで実行することで，MASS パッケージをアンロードすることができる．

4.2.4 mutate（列の追加・更新）

```
─ mutate 基本書式 ─
mutate(データフレーム，新変数名 1 = 計算式 1，新変数名 2 = 計算式 2，...)
mutate(データフレーム，既存変数名 = 更新式)
```

mutate は select と同じく列の操作を行う関数で，新しい変数を追加したり，既存変数の上書き・更新を行うことができる．したがって，戻り値の列数は入力の列数から減ることはない（行数は入力と同じ）．新しい変数の計算にはすでにデータフレーム内にある変数や，データフレーム外のオブジェクトを用いることができる（図 4.5）．このとき新変数名として既存の変数名を指定すると，その変数が更新（上書き）される．

```
## mutate の使用例
## 点双列相関とクロンバックの α に関するフラグを立てる
## 追加変数ごとに行を折り返すとスクリプトが読みやすくなる
## .before オプションや.after オプションによって追加する変数の位置を指定できる
iteman_flag <-
  mutate(iteman,
         pbs_flag = pbs < pbs_drop,
         alpha_flag = alpha < alpha_drop,
         .after = item_id)
print(iteman_flag)

## # A tibble: 50 x 15
##   item_id pbs_flag alpha_flag form_id order   key content_domain
##   <chr>   <lgl>    <lgl>      <chr>   <int> <int> <chr>
## 1 M100025 FALSE    FALSE      F0001       1     1 Number
## 2 M100021 FALSE    FALSE      F0001       2     2 Number
## 3 M100015 FALSE    FALSE      F0001       3     4 Algebra
## 4 M100074 FALSE    FALSE      F0001       4     4 Geometry
## 5 M100004 FALSE    FALSE      F0001       5     2 Statistics
## # ... with 45 more rows, and 8 more variables:
## #   cognitive_domain <chr>, N <int>, mean <dbl>, ...
```

データフレーム X　mutate(X,得点 = as.numeric(反応 ==正答))

ID	項目	反応	正答
1	A	2	2
1	B	5	4
2	A	2	2
2	B	3	4

変数「反応」と「正答」をもとに
新たに変数「得点」を追加

ID	項目	反応	正答	**得点**
1	A	2	2	1
1	B	5	4	0
2	A	2	2	1
2	B	3	4	0

図 4.5　`mutate` 関数の処理（列の追加・更新）

```
## cognitive_domain を文字列型から因子型に変更する，上書きする
mutate(iteman, content_domain = factor(content_domain))
```

```
## # A tibble: 50 x 13
##   item_id form_id order   key content_domain cognitive_domain     N
##   <chr>   <chr>   <int> <int> <fct>          <chr>            <int>
## 1 M100025 F0001       1     1 Number         Knowing           1000
## 2 M100021 F0001       2     2 Number         Reasoning         1000
## 3 M100015 F0001       3     4 Algebra        Reasoning         1000
## 4 M100074 F0001       4     4 Geometry       Applying          1000
## 5 M100004 F0001       5     2 Statistics     Knowing           1000
## # ... with 45 more rows, and 6 more variables: mean <dbl>, sd <dbl>,
## #   pbs <dbl>, ...
```

4.2.5　summarize（変数の集計・要約）

> ┌─ summarize 基本書式 ──────────────────────
> summarize(データフレーム，新変数名 1 = 計算式 1，新変数名 = 計算式 2，...)
> summarize(データフレーム，across(関数を適用する変数名，適用する関数)，...)
> summarize(データフレーム，across(where(論理値を返す関数)，TRUE 時に適用する関数)，...)

　これまで紹介した基本動詞は行のみ，または列のみの処理を行うものであった．一方で，ここで紹介する summarize は指定された変数の「集計」を行うため，戻り値の行数と列数が両方とも変化する（元のデータフレームより少なくなるか同じになる）．特に図 4.6 を見るとわかるように，summarize を単独で使用するとすべての行を用いて新しい変数を計算するため，戻り値の行数は 1 となる．

データフレーム X　　summarize(X,平均正答率 = mean(得点))

ID	項目	反応	正答	**得点**
1	A	2	2	1
1	B	5	4	0
2	A	2	2	1
2	B	3	4	0

変数「得点」をもとに新たに変数
「得点」を追加

平均正答率
0.5

図 4.6　`summarize` 関数の処理（変数の集計・要約）

```
## summarize 使用例
## 項目平均（mean），項目標準偏差（sd），点双列相関（pbs）の平均を求める
summarize(iteman,
          ave_mean = mean(mean),
          ave_sd = mean(sd),
          ave_pbs = mean(pbs))
```

```
## # A tibble: 1 x 3
##   ave_mean ave_sd ave_pbs
##      <dbl>  <dbl>   <dbl>
## 1    0.587  0.438   0.492
```

また，同じ処理を複数の変数に適用する場合には across を使用することができる．

```
## 同じことを across を使って求める
## 用法: across(対象列，使う関数，関数適用後の変数名)
## {.col}には適用前の変数名が入る
summarize(iteman,
          across(c(mean, sd, pbs),       # 集計対象
                 base::mean,             # 適用関数
                 .names = "ave_{.col}")) # 新変数名
```

```
## # A tibble: 1 x 3
##   ave_mean ave_sd ave_pbs
##      <dbl>  <dbl>   <dbl>
## 1    0.587  0.438   0.492
```

4.2.6 group_by（処理グループの指定）

group_by 基本書式

group_by(データフレーム，グルーピング変数名 1，グルーピング変数名 2，...)
group_by(データフレーム，新グルーピング変数名 1 ＝ 計算式 1，...)

group_by は指定された変数の値に基づいてデータをグループに分ける関数である．group_by を単独で使うことはほとんどなく，他の基本関数と組み合わせて使うことが多い．グループ化されたデータフレーム（grouped_df）に対して基本関数を使うと，その関数はグループごとに適用されることになる．例えば，grouped_df に対して summarize を用いると，グループごとの要約統計量を算出することができる．この場合，戻り値の行数はグループ数（＝グルーピング変数の一意な値の数）となる．

```
## group_by 使用例
## 内容領域に基づいてデータフレームをグループ化する
by_content <- group_by(iteman, content_domain)
print(by_content)  # 見た目は通常のデータフレームと同じだが，Groups が追加
```

```
## # A tibble: 50 x 13
```

```
## # Groups:   content_domain [4]
##    item_id form_id order   key content_domain cognitive_domain     N
##    <chr>   <chr>   <int> <int> <chr>          <chr>            <int>
## 1 M100025 F0001       1     1 Number         Knowing           1000
## 2 M100021 F0001       2     2 Number         Reasoning         1000
## 3 M100015 F0001       3     4 Algebra        Reasoning         1000
## 4 M100074 F0001       4     4 Geometry       Applying          1000
## 5 M100004 F0001       5     2 Statistics     Knowing           1000
## # ... with 45 more rows, and 6 more variables: mean <dbl>, sd <dbl>,
## #   pbs <dbl>, ...
```

データフレーム X　　　　group_by(X, ID)　　　グループ化データフレームY

ID	項目	反応	正答	得点
1	A	2	2	1
1	B	5	4	0
2	A	2	2	1
2	B	3	4	0

変数「ID」ごとに行をグループ化

ID	項目	反応	正答	得点
1	A	2	2	1
1	B	5	4	0
2	A	2	2	1
2	B	3	4	0

グループ化データフレームY　　summarize(Y, 平均正答率 = mean(得点))

ID	項目	反応	正答	得点
1	A	2	2	1
1	B	5	4	0
2	A	2	2	1
2	B	3	4	0

変数「得点」をもとに新たに変数「得点」をグループごとに追加

ID	得点
1	0.5
2	0.5

図 4.7　group_by 関数の処理（グループ化）

```
## 内容領域ごとに項目正答率（mean），項目標準偏差（sd），点双列相関（pbs）の平均を求める
## 行数は 4，列数は 4（＝グルーピング変数＋3 指標）
summarize(by_content,
          average_item_mean = mean(mean),
          average_sd = mean(sd),
          average_pbs = mean(pbs),
          .groups = "drop")  # 出力されるオブジェクトではグルーピングを解除
```

```
## # A tibble: 4 x 4
##   content_domain average_item_mean average_sd average_pbs
##   <chr>                      <dbl>      <dbl>       <dbl>
## 1 Algebra                    0.627      0.439       0.490
## 2 Geometry                   0.549      0.443       0.480
## 3 Number                     0.556      0.459       0.524
## 4 Statistics                 0.615      0.410       0.469
```

```
## 内容領域ごとに最も項目正答率が低い項目を抽出
filter(by_content, mean == min(mean))
```

```
## # A tibble: 4 x 13
## # Groups:   content_domain [4]
```

```
##    item_id form_id order   key content_domain cognitive_domain       N
##    <chr>   <chr>   <int> <int> <chr>          <chr>              <int>
## 1 M100009 F0001      22     1 Number         Reasoning           1000
## 2 M100056 F0001      30     4 Statistics     Applying            1000
## 3 M100019 F0001      37     5 Algebra        Knowing             1000
## 4 M100094 F0001      49     1 Geometry       Knowing             1000
## # ... with 6 more variables: mean <dbl>, sd <dbl>, pbs <dbl>, ...
```

4.2.7 %>%（パイプ演算子）

┌─ パイプ演算子基本書式 ─────────────────────────────
│ x %>% f() %>% g(y) %>% ...
└──

　group_by の使用例で見たように，dplyr パッケージの基本関数は複数の関数を組み合わせて使うことでその真価を発揮する．しかし，R の標準的なコーディングスタイルで複数の関数を連続して実行しようとすると，各処理の中間出力をオブジェクトとして保存するか，関数を入れ子にしなくてはならず，スクリプトの可読性が著しく損なわれてしまう．そこで dplyr パッケージはパイプ演算子%>%の使用を推奨している．

　パイプ演算子は「式1 %>% 式2」のように2つの引数を左右にとり，式1の実行結果が式2の第1引数として渡される[*1]．例えば f(x) %>% g(y) %>% h(z) はパイプ演算子を用いずに書くと h(g(f(x), y), z) となる．このようにパイプ演算子を用いることで中間オブジェクトの保存や関数の入れ子といった問題を回避できるようになり，スクリプトの可読性が大幅に向上する．

```
## 入れ子にして書くと可読性が低くなる
select(filter(iteman, content_domain == "Number"), item_id, order, mean)

## パイプ演算子を使うことで処理の流れがわかりやすくなる（上記と同じ処理）
iteman %>%
  filter(content_domain == "Number") %>%
  select(item_id, order, mean)
```

　dplyr パッケージの基本関数はデータフレームを入力として受け取り，データフレームを出力するのでパイプ演算子との相性が非常によい（第1引数を常に省略できる）．逆に言えば，dplyr パッケージの関数はパイプ演算子の利用を念頭に置いて設計されていると言える．これ以降，本書のスクリプト例でも適切な場合にはパイプ演算子を使用していく．

4.2.8 テーブル結合関数

　整然データの4つ目の条件（観測単位のタイプごとにデータを分ける）からもわかるよう

[*1]　左辺の実行結果を右辺の第1引数以外として使いたい場合には，（ドット）を用いる．例えば項目分析の結果を使って，内容領域（cognitive_domain）によって平均項目得点率（mean）に差が出るかどうかを分散分析にかけるには iteman %>% lm(mean ~ cognitive_domain, .) %>% anova() というようにドットを置けばよい（lm 関数の2番目の引数は data）．また，iteman %>% .$mean のような使い方もできる．

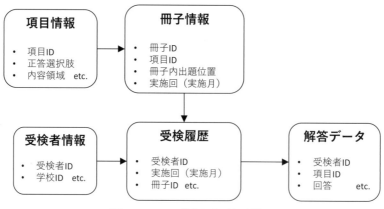

図 4.8　データ結合が必要な分析例

に，異なる観測単位の情報は異なるテーブルに格納されている場合が多い．例えば受検者情報と項目情報，冊子情報はそれぞれ別のテーブルとして提供されることが多いだろう．しかし実際のデータ解析ではこれらの情報を 1 つの分析の中で同時に用いなければならない．例えば A さんが X 月に受けたテストの反応データから A さんの正答数を算出する場合，(1) X月に出題されたテスト冊子がどの冊子かを特定し，(2) その冊子がどの項目セットを含んでいるかを把握して，(3) 各項目の正答選択肢と A さんの解答を比べて項目得点を求め，(4) その項目得点を合計して正答数を算出する，という段階を踏むことになる（図 4.8）．このとき(1) ではテスト実施回とテスト冊子の対応関係がわかっていなければならず，(2) においてはテスト冊子と項目セットの対応関係がわかっていなければならない．また，(3) の段階では項目情報が A さんの反応データと結び付いている必要がある．このようにデータ解析の実践では複数のテーブルに散在する情報を対応付けて統合するという作業，つまりテーブルの結合が頻繁に発生する．

　テーブルの結合作業ではテーブル同士をつなげる「キー変数」の働きを理解することが重要になる．キー変数には各観測を一意に同定するのに必要な「主キー」（primary key）と，そのテーブルを他のテーブルと対応付ける「外部キー」（foreign key）の 2 種類が存在する．例えば項目情報が格納されているテーブル（item_info）の場合，項目 ID（item_id）が主キーであり，外部キーは存在しない．一方で冊子と項目の対応関係が含まれている form_info ではform_id と item_id が外部キーであり，これらを介して item_info テーブルに含まれている各項目の情報（正答選択肢・内容領域・認知領域）や test_info に含まれている各冊子の情報（実施年・対象学年）を結び付けることができるようになる．

　以上のようなテーブルの結合作業のために X_join という関数群を提供している（X の部分には left や full といった結合のタイプを表す言葉が入る）．dplyr が提供する 6 つのテーブル結合関数のうち，left_join, right_join, inner_join, full_join の 4 つは mutate関数のように変数が増える形でテーブルを結合するため「mutating joins」と呼ばれている．一方，semi_join と anti_join は filter 関数のように行数が減る形でテーブルを結合することから「filtering joins」と呼ばれている．

　図 4.9 は mutating joins の戻り値がどのような行や列を持つかをベン図で表現したものである．簡単のために，x と y のそれぞれで結合キーには値の重複がないことを仮定している．

行 列

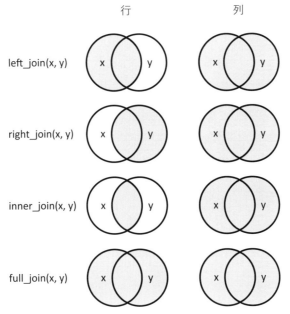

図 **4.9** mutating joins のベン図表現（結合キーの重複がない場合）

図からわかるように，mutating joins は結合する 2 つのテーブル（x，y）のいずれかに含まれている列をすべて保存した戻り値を出力する．一方，行についてはどの部分を保存するかが関数によって異なっている．例えば，left_join では「左側」のテーブル（x）に含まれる観測をすべて保存する．したがって，結合キーに重複がない場合，戻り値の行数は x と同じになる[2]．一方で right_join では逆に右側のテーブル（y）に含まれる観測をすべて保存し，inner_join は両方のテーブルに含まれている観測のみを保持する．反対に full_join ではすべてキー値が保持される．

結合相手のテーブルにキー値が存在しないが，観測が戻り値に保持される場合，結合相手から取得した変数の値は欠測（NA）として記録される．例えばテーブル x に存在するケースがテーブル y に存在しない場合に left_join を使うと，マッチしなかったケースの y 由来の変数は欠測となる（図 4.10）．

left_join の基本的な使い方は下の通りである（この書式は他の join 関数でも同じ）．

left_join 基本書式

```
left_join(x, y, by = "キー変数名",...)
```

下記の例では観測単位の種類ごとに保存された整然データ（テスト情報，冊子-項目情報，項目情報）から 2021 年の 1 年生が受検したテストの冊子情報を構成している．

```
## mutating joins 使用例
## 冊子情報を改めて mutating-joins で作成
library("readxl")
```

---

[2] 結合キーに重複がある場合は，結合キーの値がマッチする組み合わせがすべて保持されるため，結果的に行数が増えることになる．

```
test_info <- read_excel("test_information.xlsx", "test_info")
form_info <- read_excel("test_information.xlsx", "form_info")
item_info <- read_excel("test_information.xlsx", "item_info")

## 2021 年に 1 年生が受検した冊子の情報
finfo <-
  test_info %>%
  filter(year == 2021, grade == 1) %>%
  inner_join(form_info, by = "form_id") %>%
  left_join(item_info, by = "item_id") %>%  # 結合の y(右) テーブルは item_info
  print()   # 最後に print を入れると代入とオブジェクトの表示が同時にできる
```

データフレーム X

ID	項目	反応
1	A	1
1	A	2
1	C	5
2	A	2
2	C	3

データフレーム Y

項目	正答
A	2
B	4

left_join(X, Y, by = "項目")

ID	項目	反応	正答
1	A	1	2
1	A	2	2
1	C	5	NA
2	A	2	2
2	C	3	NA

図 4.10 `left_join` の例

```
## # A tibble: 50 x 8
##    year grade form_id order item_id   key content_domain
##   <dbl> <dbl> <chr>   <dbl> <chr>   <dbl> <chr>
## 1  2021     1 F0001       1 M100025     1 Number
## 2  2021     1 F0001       2 M100021     2 Number
## 3  2021     1 F0001       3 M100015     4 Algebra
## 4  2021     1 F0001       4 M100074     4 Geometry
## 5  2021     1 F0001       5 M100004     2 Statistics
## # ... with 45 more rows, and 1 more variable: cognitive_domain <chr>
```

filtering joins (`semi_join`, `anti_join`) は実質的に `filter` と同様の働きをする関数で，行の選択条件としてテーブル y を利用している．`semi_join` はテーブル y に存在するテーブル x の観測を返し（マッチしたケースを返す），`anti_join` はマッチしなかった x のケースを返す（図 4.11）．一方，列については両関数とも x と同じものを返すため，戻り値はテーブル x と同じ変数セットを持ち，x 以下の行数を持つこととなる（下記スクリプト例を参照）．

行　　　　　　　列

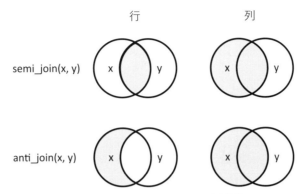

図 **4.11** filtering joins のベン図表現

```
## filtering joins 使用例
## 2022 年の 1 年生が受検した冊子の情報
finfo2 <-
  test_info %>%
  filter(year == 2022, grade == 1) %>%
  left_join(form_info, by = "form_id") %>%
  left_join(item_info, by = "item_id") %>%
  print()
```

```
## # A tibble: 50 x 8
##    year grade form_id order item_id   key content_domain
##   <dbl> <dbl> <chr>   <dbl> <chr>   <dbl> <chr>
## 1  2022     1 F0004       1 M100029     1 Number
## 2  2022     1 F0004       2 M100007     1 Algebra
## 3  2022     1 F0004       3 M100089     5 Number
## 4  2022     1 F0004       4 M100013     5 Number
## 5  2022     1 F0004       5 M100003     5 Algebra
## # ... with 45 more rows, and 1 more variable: cognitive_domain <chr>
```

```
## 2021 年 1 年生と 2022 年 1 年生の共通項目
semi_join(finfo, finfo2, by = "item_id")
```

```
## # A tibble: 25 x 8
##    year grade form_id order item_id   key content_domain
##   <dbl> <dbl> <chr>   <dbl> <chr>   <dbl> <chr>
## 1  2021     1 F0001       6 M100055     5 Algebra
## 2  2021     1 F0001       7 M100059     5 Algebra
## 3  2021     1 F0001       8 M100100     1 Statistics
## 4  2021     1 F0001      10 M100053     3 Number
## 5  2021     1 F0001      11 M100062     2 Geometry
## # ... with 20 more rows, and 1 more variable: cognitive_domain <chr>
```

```
## 2021 年 1 年生の固有項目
anti_join(finfo, finfo2, by = "item_id")
```

```
## # A tibble: 25 x 8
##    year grade form_id order item_id    key content_domain
##   <dbl> <dbl> <chr>   <dbl> <chr>    <dbl> <chr>
## 1  2021     1 F0001       1 M100025      1 Number
## 2  2021     1 F0001       2 M100021      2 Number
## 3  2021     1 F0001       3 M100015      4 Algebra
## 4  2021     1 F0001       4 M100074      4 Geometry
## 5  2021     1 F0001       5 M100004      2 Statistics
## # ... with 20 more rows, and 1 more variable: cognitive_domain <chr>
```

4.3 tidyr パッケージ

　ここまでに紹介してきた dplyr パッケージの関数はすでに整然化されたデータの行や列の選択・変換，集計を行うためのものであったが，このセクションでは非整然データを整然データにする際に用いる tidyr パッケージの関数を紹介する [3]．具体的には tidyr パッケージに含まれている pivot_longer 関数と pivot_wider 関数を紹介する．これらの関数はデータの構造を大きく変えることとなるため，変形後のデータがどのような構造・サイズを持つのかを把握することが肝要となる．

4.3.1 pivot_longer

　まずは pivot_longer を紹介する．pivot_longer は複数の列を 1 つの列にまとめるため

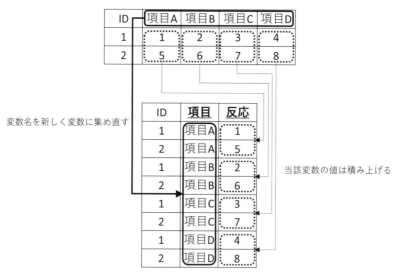

図 4.12 pivot_longer の挙動例（ワイド型からロング型への変形)

---

[3]　これらの関数は整然データに対しても適用可能である．例えば R の関数には非整然データを入力として要求するものがあるため，整然データをその関数が必要とするデータ構造に変形しなければならないことがある．pivot_longer や pivot_wider はそういった場合にも利用可能である．

に用いられる．このため戻り値 [*4)] の行数は基本的に多くなり（longer），列数は少なくなる（図 4.12）.

pivot_longer の基本書式は下記の通りである．

```
┌─ pivot_longer 関数の基本書式 ─────────────────
│
│  pivot_longer(データフレーム，値をまとめる列の名前，...)
│
└──────────────────────────────────────────
```

第 1 引数には変形対象のデータフレームを指定する．第 2 引数には 1 つにまとめる列の名前を指定する．列名の指定は select と同様の方法が利用可能で，項目 A:項目 D といったシンタックスや，starts_with といったヘルパー関数を使うことができる（select の解説を参照のこと）.

下記の例ではこれまでの章で使用してきた反応データ（ワイド型）を pivot_longer によって整然ロング型に変形している．

```
## pivot_longer の使用例
library("tidyr")
resp <- read.csv("response_data_2021_grade1.csv") %>% as_tibble()
str(resp, list.len = 7)  # 元のデータを確認（最初の 7 列のみ表示）
```

```
## tibble [1,000 x 55] (S3: tbl_df/tbl/data.frame)
##  $ id     : chr [1:1000] "ST2001" "ST2002" "ST2003" "ST2004" ...
##  $ form_id: chr [1:1000] "F0001" "F0001" "F0001" "F0001" ...
##  $ year   : int [1:1000] 2021 2021 2021 2021 2021 2021 2021 2021 2021 2021 ...
##  $ grade  : int [1:1000] 1 1 1 1 1 1 1 1 1 1 ...
##  $ gender : chr [1:1000] "m" "f" "m" "f" ...
##  $ M100025: int [1:1000] 2 5 1 2 5 4 1 4 3 5 ...
##  $ M100021: int [1:1000] 3 4 2 2 2 2 2 3 2 3 ...
##   [list output truncated]
```

```
## pivot_longer
resp_long <-
  resp %>%
  pivot_longer(cols = starts_with("M"),      # M で始まる列を処理
               names_to = "item_id",         # 変数名をまとめた新変数の名前
               values_to = "response") %>%   # 値をまとめた新変数の名前
  print()  # 結果の行数・列数の変化に注目
```

```
## # A tibble: 50,000 x 7
##    id     form_id  year grade gender item_id response
##    <chr>  <chr>   <int> <int> <chr>  <chr>      <int>
## 1 ST2001 F0001    2021     1 m      M100025        2
## 2 ST2001 F0001    2021     1 m      M100021        3
## 3 ST2001 F0001    2021     1 m      M100015        3
## 4 ST2001 F0001    2021     1 m      M100074        1
```

[*4)] 変形後のデータは「縦長データ」または「ロング型データ」と呼ばれることがある．一方で変形前のデータは「横長データ」や「ワイド型データ」と呼ばれる．

```
## 5 ST2001 F0001     2021      1 m       M100004          2
## # ... with 49,995 more rows
```

4.3.2 pivot_wider

pivot_wider は pivot_longer とは逆の挙動を取る．つまり，1 つの列にまとめられた値を変数名とする新変数群を作り出し，別途指定された変数の値を対応する新変数の値として配置する（図 4.13）．したがって戻り値のデータフレームは基本的に行数が減り，列数が増えることとなる（wider）．

ワイド型データ（2行×5列）

一意な値がそれぞれ新しい変数名になる
（7つの値から4つの一意な値へ）

値はID変数と新変数の組み合わせに対応したセルに入る
（組み合わせが存在しない場合は欠測となる）

ID	項目	反応
1	項目A	1
1	項目B	2
1	項目C	3
1	項目D	4
2	項目A	5
2	項目B	6
2	項目C	7

ロング型データ（7行×3列）

図 4.13 pivot_wider の挙動例（ロング型からワイド型への変形）

pivot_wider の書式は次の通りである．

┌─ pivot_wider 関数の基本書式 ─────────────

pivot_wider(データフレーム，ID 変数名，変数名になる列名，値になる列名，...)

pivot_longer と同様，列名の指定にはヘルパー関数を使うことができる．

下記の例では pivot_longer で変形したデータフレームを pivot_wider でワイド型に戻している．

```
## pivot_wider の使用例
resp_wide <-
  resp_long %>%
  pivot_wider(id_cols = id:gender,
              names_from = item_id,
              values_from = response) %>%
  print()  # 結果の行数・列数の変化に注目
```

```
## # A tibble: 1,000 x 55
##    id     form_id  year grade gender M100025 M100021 M100015 M100074
##    <chr>  <chr>   <int> <int> <chr>    <int>   <int>   <int>   <int>
## 1 ST2001 F0001    2021     1 m           2       3       3       1
## 2 ST2002 F0001    2021     1 f           5       4       2       1
## 3 ST2003 F0001    2021     1 m           1       2       4       5
## 4 ST2004 F0001    2021     1 f           2       2       4       2
## 5 ST2005 F0001    2021     1 f           5       2       4       5
## # ... with 995 more rows, and 46 more variables: M100004 <int>,
## #   M100055 <int>, M100059 <int>, ...
```

4.4 章のまとめ

　本章では分析に適したデータ構造を持つ「整然データ」という概念を導入し，それをベースにしたパッケージ群である tidyverse を紹介した．その中でも特に整然データの処理に特化した dplyr パッケージと非整然データを整然化する tidyr パッケージを中心に解説した．整然データはあくまで1つの規格にすぎないが，整然データという概念を導入することで得られるメリットは非常に大きい．そこでそのメリットを体感するために第5章では tidyverse を使って第3章で行った項目分析の再実装を行っていく．

　本章で紹介した関数は dplyr パッケージと tidyr パッケージのごく一部にすぎず，もっと多くの有用な関数が両パッケージには含まれている．また，pivot_longer や pivot_wider は引数を指定することでデータの変形時に追加の処理を加えることも可能である（例：型の変換，再コード化，変数のソートなど）．これらに興味のある読者は dplyr パッケージの公式サイト [*5] や tidyr パッケージの公式サイト [*6] などを参照してほしい．

[*5] https://dplyr.tidyverse.org/
[*6] https://tidyr.tidyverse.org/

5

tidyverse 入門 2：
項目分析再訪

　本章では第4章で学んだ内容を項目分析に応用する演習を行う．第3章では外部ファイルに格納されているワイド型の反応データを読み込み，ワイド型のまま mirt パッケージや psych パッケージの関数を使って項目分析を行った．本章では同様の分析を tidyverse の関数を使って再実装していく．この演習によって tidyverse パッケージの扱いに慣れるとともに，項目分析の各指標の計算の詳細を改めて確認していく．

5.1　分　析　の　方　針

　項目分析は項目正答率や点双列相関など，項目の特性や挙動を示す指標を計算し，各項目がテストの中でうまく機能しているかをチェックするための分析であった．ここでポイントとなるのは，項目ごとに同じ計算を繰り返すという点である（例えば正答率の算出など）．R において「繰り返し」と聞くと for ループや apply 関数族を使った処理を思い浮かべるかもしれないが，同様の処理は group_by 関数を使うことでも可能である．図 5.1 は group_by によって「項目ごと」の繰り返し処理を行うのに必要となるデータの例を示している．group_by によって項目ごとに繰り返し処理を行うためには項目を区別する変数（項目 ID）が必要となる．項目 ID を変数として持つにはデータをロング型にすればよい．また，項目分析の多くの指標は解答の正誤情報から算出するが（図 5.1 では「採点」），解答の正誤を判定するためには各観測の正答選択肢の情報（「正答」）が必要となる．正答選択肢の情報は反応データ中にはなく，冊子情報や項目情報のテーブルから持ってくる必要がある．つまりテーブルの結

	オリジナルの変数群		新変数		
ID	項目	反応	正答	採点	得点
1	項目A	2	2	1	1
2	項目A	2	2	1	3
3	項目A	2	2	1	2
1	項目B	2	1	0	1
2	項目B	1	1	1	3
3	項目B	1	1	1	2
1	項目C	2	4	0	1
2	項目C	4	4	1	3
3	項目C	NA	4	0	2

他テーブルから　新たに算出
取得

図 5.1　本章で目標とするデータの構造

合が必要となる．また，点双列相関係数やクロンバックの α 係数は解答の正誤情報の他に各受検者のテスト得点が必要になるが（「得点」），この情報も反応データとは切り離されて保存されているかもしれない．以上のことを踏まえてデータを図 5.1 の状態に変形することができれば，変数「項目」でグループ化したデータに summarize 関数を適用することで項目ごとに同じ処理をすることが可能となる．

以下では図 5.1 のようなデータを得るために次のような手順でデータを処理していく．

1. 外部データの読み込み
2. ロング型への変換
3. 冊子情報の結合
4. 反応データの採点
5. テスト得点の要約
6. 項目分析の実行

これらの手順は第 3 章で採用した手順に「ロング型への変換」と「冊子情報の結合」を加えたものになっている．つまり追加された 2 つの手順は tidyverse を使った項目分析に固有の処理である．また，第 3 章では指標の計算はパッケージの関数に任せていたが，本章では自身で計算式をスクリプトとして書く必要がある．そのため各指標の計算方法を事前に理解しておく必要がある．この意味で本章の項目分析は第 3 章のものよりも項目分析に対する深い理解力が必要とされる．

5.2 外部データの読み込み

外部データの読み込みには第 3 章と同様に read.csv 関数を使う．以下の例では，冊子情報（form1）を読み込む際に出題順序（order）は数値型に上書きしている [*1]．また，反応データ（dat_wide）を読み込む際に各変数を文字列型として読み込むために colClasses = "character" というオプションを追加している．さらにいずれのデータフレームも as_tibble によって tibble（tidyverse におけるデータフレーム）に変換している [*2]．

```
## 反応データ読み込み
library("tidyverse")

## 冊子情報（2021 年 1 年生; form_id = F0001）
## 全変数を文字列型で読み込み，order のみ数値型に変換
form1 <-
  read.csv("forminfo_F0001.csv", colClasses = "character") %>%
  mutate(order = as.numeric(order)) %>%
  as_tibble() %>%
  print()
```

[*1] 文字型の場合にソートすると $1 \to 10 \to 11 \to \cdots 19 \to 2 \to \cdots$ のような並びになる．
[*2] これ以降，本格的にパイプ演算子を使って複数の処理を 1 つにまとめてスクリプトを書いていく．このとき途中の実行結果を確認するためには，ソースペイン上でそのコードのまとまりの冒頭から目的のパイプ演算子の前までを選択し（ドラッグしてハイライトする），Ctrl + Enter などで選択した部分をコンソールに転送・実行するとよい．

```
## # A tibble: 50 x 6
##    item_id form_id order key   content_domain cognitive_domain
##    <chr>   <chr>   <dbl> <chr> <chr>          <chr>
## 1 M100025 F0001       1 1     Number         Knowing
## 2 M100021 F0001       2 2     Number         Reasoning
## 3 M100015 F0001       3 4     Algebra        Reasoning
## 4 M100074 F0001       4 4     Geometry       Applying
## 5 M100004 F0001       5 2     Statistics     Knowing
## # ... with 45 more rows
```

```
## ワイド型データ読み込み
dat_wide <-
  read.csv("response_data_2021_grade1.csv",
           colClasses = "character", na.strings = "-1") %>%
  as_tibble() %>%
  print()
```

```
## # A tibble: 1,000 x 55
##    id     form_id year  grade gender M100025 M100021 M100015 M100074
##    <chr>  <chr>   <chr> <chr> <chr>  <chr>   <chr>   <chr>   <chr>
## 1 ST2001 F0001    2021  1     m      2       3       3       1
## 2 ST2002 F0001    2021  1     f      5       4       2       1
## 3 ST2003 F0001    2021  1     m      1       2       4       5
## 4 ST2004 F0001    2021  1     f      2       2       4       2
## 5 ST2005 F0001    2021  1     f      5       2       4       5
## # ... with 995 more rows, and 46 more variables: M100004 <chr>,
## #   M100055 <chr>, M100059 <chr>, ...
```

5.3 データの整形

5.3.1 ロング型データへの変換

　group_by 関数による項目ごとの繰り返し処理を可能にするため，まず pivot_longer を使って項目 ID を表す変数 item_id を作り出してみよう（ロング型データへの変換）．この処理によって図 5.1 のデータ構造のうち，左側の 3 列を作り出すことになる（ID = id，項目 = item_id，反応 = response）．

```
## ワイド形式からロング形式へ
dat_long <-
  dat_wide %>%
  select(id, starts_with("M")) %>%        # id と M で始まる列のみ取得
  pivot_longer(cols = !id,                # id 以外の変数を処理
               names_to = "item_id",      # 列名は item_id という新変数に
               values_to = "response") %>% # 当該列の値は response という新変数に
  print()
```

```
## # A tibble: 50,000 x 3
```

```
##   id      item_id response
##   <chr>   <chr>   <chr>
## 1 ST2001 M100025 2
## 2 ST2001 M100021 3
## 3 ST2001 M100015 3
## 4 ST2001 M100074 1
## 5 ST2001 M100004 2
## # ... with 49,995 more rows
```

5.3.2 冊子情報の結合

反応データをロング型に変形したことによって，dat_long は各受検者の各項目への反応を行方向に格納している．このデータに冊子情報を含むオブジェクト form1 を結合し，各反応に対して正答選択肢（key）を割り当てるようにする．以下のスクリプト例では反応データ側の全行が保存されるように left_join を用いているが，inner_join でも同様の処理ができる．ただし inner_join を用いると key に不一致が生じた場合に戻り値の行数が入力よりも少なくなることに注意したい[*3, 4)]．

```
## 冊子情報の結合
## パイプ演算子を使って前の例にスクリプト追加
dat_long <-
  dat_wide %>%
  select(id, starts_with("M")) %>%
  pivot_longer(cols = starts_with("M"),
               names_to = "item_id",
               values_to = "response") %>%    # 以下が追加部分
  left_join(form1, by = "item_id") %>%        # 冊子情報を反応データに結合
  select(!form_id:cognitive_domain, key) %>%  # 項目情報のうち，key のみ残す
  print()
```

```
## # A tibble: 50,000 x 4
##   id      item_id response key
##   <chr>   <chr>   <chr>    <chr>
## 1 ST2001 M100025 2        1
## 2 ST2001 M100021 3        2
## 3 ST2001 M100015 3        4
## 4 ST2001 M100074 1        4
## 5 ST2001 M100004 2        2
## # ... with 49,995 more rows
```

[*3)] 冊子情報 form1 には当該冊子のすべての項目が含まれているはずなので，この inner_join における不一致は form1 には含まれていない form_id と item_id の組み合わせが反応データに存在することを意味する．

[*4)] left_join の場合に不一致があると，行数を保ったまま当該観測の項目情報が欠測となる．

5.3.3 反応データの採点

form1 の結合によって各反応に正答選択肢が割り当たったので，次は mutate を使って採点処理を行う．具体的には mutate(item_score = response == key) とすることよって反応（response）と正答選択肢（key）が同じかどうかを判定し，その結果（TRUE, FALSE，または NA）を as.numeric 関数を使って数値型に変換して新変数 item_score として追加する（図 5.1 の「採点」列に相当）．その後，同じ mutate 関数内で replace_na 関数を使って欠測（NA）を 0 に変換して，item_score を更新（上書き）する[5]．replace_na 関数は最初の引数（data）に変換対象となる NA を含むベクトルを渡し，2 つ目の引数（replace）に NA から変換したい値を渡す．

```
## 反応データの採点
dat_long <-
  dat_wide %>%
  select(id, starts_with("M")) %>%
  pivot_longer(cols = starts_with("M"),
               names_to = "item_id",
               values_to = "response") %>%
  left_join(form1, by = "item_id") %>%
  select(!form_id:cognitive_domain, key) %>%          # 以下が追加部分
  mutate(item_score = response == key,  # 項目の採点
         item_score = as.numeric(item_score),  # 論理型から数値型へ
         item_score = replace_na(item_score, 0)) %>%  # NA を 0 に
  print()
```

```
## # A tibble: 50,000 x 5
##    id      item_id response key    item_score
##    <chr>   <chr>   <chr>    <chr>       <dbl>
## 1 ST2001 M100025 2        1               0
## 2 ST2001 M100021 3        2               0
## 3 ST2001 M100015 3        4               0
## 4 ST2001 M100074 1        4               0
## 5 ST2001 M100004 2        2               1
## # ... with 49,995 more rows
```

5.3.4 テスト得点の算出

点双列相関係数や α 係数など，項目分析の一部の指標は受検者のテスト得点（正答数・得点率）を必要とするため，採点が済んだ段階でテスト得点を含むデータフレームを新たに作成しておく．テスト得点は項目得点を含むデータフレーム dat_long を受検者ごとに集計することで得られる．すなわち，dat_long %>% group_by(id) %>% summarize(処理) のようなスクリプトとなる．

---

[5]　欠測（NA）の採点は採点ポリシーによる（欠測のまま扱うこともある）．

```
## テスト得点の計算
test_score <-
  dat_long %>%
  group_by(id) %>%   # 受検者ごとに
  summarize(score = sum(item_score),
            .groups = "drop") %>%   # 戻り値のグループ化を解除
  print()
```

```
## # A tibble: 1,000 x 2
##   id      score
##   <chr>   <dbl>
## 1 ST2001     21
## 2 ST2002     19
## 3 ST2003     34
## 4 ST2004     27
## 5 ST2005     40
## # ... with 995 more rows
```

さらにテスト得点を含む test_score と項目反応を含む dat_long を受検者 ID（id）を使って結合することで，図 5.1 と同じ構造を持つデータフレームが得られる．

```
left_join(dat_long, test_score, by = "id")
```

```
## # A tibble: 50,000 x 6
##   id    item_id  response key    item_score score
##   <chr> <chr>    <chr>    <chr>       <dbl> <dbl>
## 1 ST2001 M100025 2        1               0    21
## 2 ST2001 M100021 3        2               0    21
## 3 ST2001 M100015 3        4               0    21
## 4 ST2001 M100074 1        4               0    21
## 5 ST2001 M100004 2        2               1    21
## # ... with 49,995 more rows
```

5.4 項目分析の実行

次は各指標の計算を行うステップだが，その前に各指標の定義を確認しておこう．ここでは第 3 章と同じく次の 7 指標を求めることにする．

1. 解答者数（N）：その項目が出題された人数（無解答を含む）
2. 平均項目得点（mean）：項目得点 item_score の平均（2 値項目の場合は項目正答率）
3. 標準偏差（sd）：項目得点の標準偏差
4. 点双列相関係数（pbs）：項目得点とテスト得点の相関係数
5. 修正点双列相関係数（pbs_drop）：その項目をテスト得点に含めなかった場合の点双列相関係数
6. α 係数（alpha）：信頼性係数．項目得点の分散の和，テスト得点の分散，項目数から計算する．項目 i $(i = 1, 2, \cdots, J)$ の分散を σ_i^2，テスト得点の分散を σ_Y^2 とすると，α

係数は次のように書ける.

$$\alpha = \frac{J}{J-1}\left(1 - \frac{\sum_{i=1}^{J}\sigma_i^2}{\sigma_Y^2}\right)$$

7. 修正 α 係数（`alpha_drop`）：項目分散の和，およびテスト得点にその項目を含めなかった場合の α 係数

以下が項目分析のスクリプト例である.

```
## 項目分析
res_iteman2 <-
  left_join(dat_long, test_score, by = "id") %>%
  group_by(item_id) %>%  # summarize が続くため, 戻り値の行は項目を表す
  summarize(across(item_score,  # 以下の4指標は項目得点を対象にしている
                   # 適用する関数（人数, 項目平均, 項目標準偏差, 項目分散）
                   list(N = length, mean = mean, sd = sd, ivar = var),
                   .names = "{fn}"),  # 結果の変数名には関数名を使用
          # 以下の指標は項目得点に加えてテスト得点も利用する
          svar = var(score),  # テスト得点分散
          svar_drop = var(score - item_score),  # 修正テスト得点の分散
          pbs = cor(score, item_score, use = "pair"),  # 点双列相関係数
          pbs_drop = cor(score - item_score, item_score, use = "pair"),
          .groups = "drop") %>%  # 出力のグルーピングを解除
  mutate(ivar_sum = sum(ivar),  # 項目分散の和を追加（全項目共通）
         alpha = n()/(n()-1) * (1-ivar_sum/svar),  # α 係数
         alpha_drop = (n()-1)/(n()-2) * (1-(ivar_sum-ivar)/svar_drop)) %>%
  inner_join(form1, ., by = "item_id") %>%  # 冊子情報を結合
  select(-ivar, -svar, -svar_drop, -ivar_sum) %>%  # 中間変数を削除
  print()
```

```
## # A tibble: 50 x 13
##   item_id form_id order key  content_domain cognitive_domain      N
##   <chr>   <chr>   <dbl> <chr> <chr>          <chr>             <int>
## 1 M100025 F0001       1 1    Number         Knowing            1000
## 2 M100021 F0001       2 2    Number         Reasoning          1000
## 3 M100015 F0001       3 4    Algebra        Reasoning          1000
## 4 M100074 F0001       4 4    Geometry       Applying           1000
## 5 M100004 F0001       5 2    Statistics     Knowing            1000
## # ... with 45 more rows, and 6 more variables: mean <dbl>, sd <dbl>,
## #   pbs <dbl>, ...
```

上記スクリプトの summarize 以降が各指標の計算部分となっている．summarize の前半では項目得点（item_score）のみで計算できる指標（解答者数（N），平均項目得点（mean），標準偏差（sd），項目分散（ivar））を across を使って求めている．そのあとにテスト得点（score）と項目得点を使って計算する指標（テスト得点分散（svar），修正テスト得点分散（svar_drop），点双列相関（pbs），修正点双列相関（pbs_drop））を求めている．ここで summarize の処理が終わっているため，この段階で戻り値の行が各項目に対応する形になっ

ている（項目 × 各指標）．なお，次に項目をまたいだ計算が必要になるため，summarize の
引数.groups を drop としている（戻り値のグルーピングを解除する）*6)．そこから mutate
を使って項目分散を足し上げて ivar_sum を求め，その ivar_sum を使って α 係数と修正 α
係数を計算している（ivar_sum は summarize の後でないと計算できないことに注意）．この
とき，項目数は n 関数（行数を返す関数）で取得している．

最後に，第 3 章の結果と本章の結果を比較して，計算結果が一致するかをチェックしてお
こう．比較には組み込みの all.equal 関数を用いる．

```
## 項目分析 1 の結果と比較
cl <- sapply(res_iteman2, class)  # 本章の結果の各列のクラスを取得
res_iteman1 <-
  read.csv("item_analysis_result_2021_grade1.csv",
           colClasses = cl) %>%  # 読み込む際の列のクラスを指定
  as_tibble()

all.equal(res_iteman1, res_iteman2)  # 結果が等しいかチェック（TRUE なら一致）
```

```
## [1] TRUE
```

5.5 章のまとめ

本章では項目分析を tidyverse パッケージの関数群で再実装することで，tidyverse で
必要とされるデータの処理（整然データ・ロング型データへの変換）や各関数の使用法を復
習してきた．これまで見てきたように tidyverse，特に dplyr パッケージの関数群は規則的
な処理（グループごとの繰り返し処理）に非常に有用である．分析に使う関数を tidyverse
パッケージに限定することで第 3 章よりも手順が多くなってしまったものの，各指標の計算
は基礎的な関数のみで実行可能なので，項目分析は tidyverse のトレーニングにも適してい
ると言える．本章で使ったテクニックは以降の章においても重要になるので，折に触れて改
めて解説を加えていく．

---

*6)　同様の処理は summarize と mutate の間に ungroup 関数をはさむことでも可能である．ungroup 関
数を使った場合は.groups = "drop"は不要である．

6
項目反応理論

本章ではmirtパッケージを使って項目反応理論（item response theory; IRT）によるテストデータの分析を行っていく．mirtパッケージは様々な機能を提供しているが，その中でも最も基本となる1次元2値モデルを例に項目パラメータの推定，能力パラメータの推定，モデル選択，結果の図示の方法などを学ぶ．また，一部のパラメータをある数値に固定して他のパラメータの推定を行う検証的分析と，それを応用したテスト得点の等化も合わせて扱う．

6.1　項目反応理論入門

項目反応理論（または項目応答理論）はテスト理論の1つで，項目特性と受検者特性を独立に評価できることが特徴の一連の統計モデルのことを言う．IRTは現代的なテスト，特に大規模テストには欠かせない技術であり，TOEFLや日本語能力試験といった語学試験や，PISAやTIMSSといった国際的大規模調査の開発・運用で利用されている．また，コンピュータ適応型テスト（computerized adaptive testing; CAT）や多段階テスト（multistage testing; MST）など，受検者の解答に合わせてその場で出題項目が選ばれるテストは，IRTによってその理論的基盤が与えられている．その他，IRTは教育テストだけでなく様々な心理尺度の構成にも使われている（例えば患者報告式アウトカム測定情報システム; patient reported outcomes measurement information system; PROMIS）．IRTの理論的詳細は加藤他 (2014) や芝 (1991)，光永 (2017) などに譲り，本章では概要を述べるにとどめる．

第3章では項目の難易度を表す指標として項目正答率を取り上げたが，項目正答率は受検者集団の能力の高さに依存するという性質を持つ（受検者依存性）．例えば語彙力を測るテストの場合，ある項目の小学生の正答率と大学生の正答率を比べると（同じ項目であるにもかかわらず）大学生の正答率の方が高くなるだろう．逆に受検者のテスト得点は項目依存性のある指標である（同一受検者でも難しいテストは簡単なテストと比べて点数が低くなる）．受検者依存性や項目依存性は，例えば個人の能力の変化を経時的に調べたい場合などに問題となる．能力水準の変化を経時的に追跡する場合，練習効果を避けるため，各調査でテスト冊子（問題セット）を変えることが多い．しかしテスト得点に項目依存性があるため，異なる冊子間の得点比較はそのままではできない．別の言い方をすれば，「50点」の意味がテスト冊子によって異なるということである．IRTではこのような状況であっても適切なデータ収集デザインと統計解析によって得点の比較や，受検者の能力や項目の評価が可能になる．

IRTの代表的なモデルは次のような式で表される．

$$P_j(\theta_i) = \Pr(X_{ij} = 1 | \theta = \theta_i) = c_j + \frac{1 - c_j}{1 + \exp\left[-a_j(\theta_i - b_j)\right]}$$

ここで X_{ij} は受検者 i の項目 j への解答の正誤を表す2値変数（正答 = 1; 誤答 = 0），θ_i は

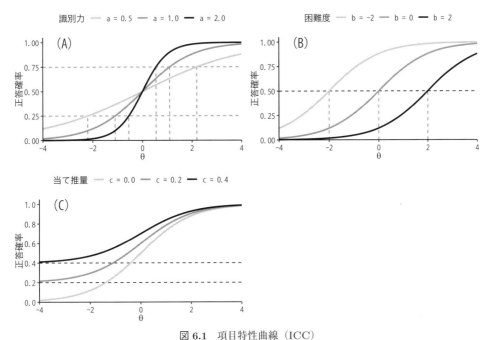

図 **6.1** 項目特性曲線（ICC）

受検者 i の潜在特性パラメータ（受検者パラメータ），a_j, b_j, c_j は項目 j の項目パラメータである．式全体として，潜在特性値が $\theta = \theta_i$ である受検者 i が項目パラメータ (a_j, b_j, c_j) を持つ項目 j に正答する確率を θ の関数 $P_j(\theta_i)$ として表している．この関数は下限が c_j，上限が 1 の S 字カーブ（ロジスティック曲線）を描く．このため，このモデルは 3 パラメータ・ロジスティックモデル（3PL モデル）と呼ばれる．IRT を用いた分析ではデータから項目パラメータと受検者パラメータを推定し，その推定値にもとづいてテストや項目の性能を評価したり，受検者にテスト得点を付与することが目的となる．

図 6.1 の (A)，(B)，(C) は項目 j の項目パラメータ a_j, b_j, c_j の値をそれぞれ変化させたときに正答確率 $P_j(\theta_i)$ がどのように変化するかを示している．これらの曲線は「項目特性曲線」（item characteristic curve; ICC）と呼ばれ，θ と正答確率の関係を項目ごとに表すものである（1 項目に対して 1 曲線）．例えば図 6.1(A) は b_j と c_j が同じで a_j が異なる 3 つの項目について ICC を描いたものである（$a_j = 0.5, 1.0, 2.0$；$b_j = 0$, $c_j = 0$）．図から分かるように，3 項目とも $\theta = 0$ で正答確率 0.5 を取り，a_j の値が大きくなるにつれて曲線の傾き（立ち上がり方）が急になっている．その結果，a_j の値が大きい項目は一定の正答確率の上昇に必要な θ の幅が小さくなっている（図 6.1(A) 図では $P_j(\theta) = 0.25 \rightarrow 0.75$）．このため a_j の大きな項目はわずかな能力差しかない 2 人の受検者に対して大きな正答確率の差をつけてその 2 人を区別することができる．この意味で a_j は識別力パラメータ（discrimination parameter）と呼ばれる．次に図 6.1 の (B) を見ると，b_j の値が大きくなるにつれて ICC が右に移動し，同じ正答確率を得るために必要な θ が高くなることがわかる．このことから b_j は困難度パラメータ（difficulty parameter）と呼ばれている．最後に c_j は正答確率の下限を表しており，θ がどれだけ低くても確率 c_j で正答できてしまうことを表している．このことから c_j は当て推量パラメータ（guessing parameter, pseudo-guessing parameter）と呼ばれている．

6.2 Rにおける実装

本章の分析例では mirt パッケージ (Chalmers, 2012) を用いる．mirt パッケージの特徴として，(1) 対応しているモデルが多いこと，(2) パラメータ推定のアルゴリズムが豊富であること，(3) 探索的分析だけでなく検証的分析や多群分析などが可能であることなどが挙げられる．

mirt パッケージの分析の流れは psych パッケージなどとはやや異なる．図 6.2 はその分析の流れを図で示したものである．まずこれまでの分析と同様に反応データを採点するが，多肢選択式で正誤のみ求める場合は mirt パッケージが提供している key2binary 関数が利用可能である（項目分析の章（第 3 章）を参照）．採点済みデータから項目パラメータや受検者パラメータを推定するには mirt 関数を利用する．mirt 関数から出力されるオブジェクトは S4 クラスという形式で保存されており，その後の分析に必要な多くの情報を含んでいるが，これらに直接アクセスすることは通常行わない．その代わりに情報を引き出すための様々な関数が用意されているので，それらを用いて推定値などを取得することになる．例えば項目パラメータの推定値を取得するには coef 関数を用い，θ の推定値を得るには fscores 関数を用いる．本章では最低限の関連関数だけを紹介するが，より深く知りたい場合には mirt パッケージのマニュアルや筆者らによる IRT の概説論文 (Hori et al., 2022) を参照してほしい．

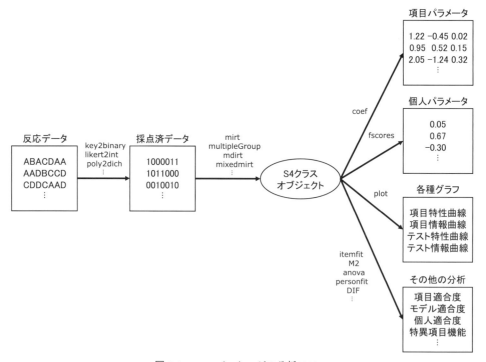

図 6.2 mirt パッケージの分析フロー

6.3 分　析　準　備

それでは mirt パッケージを使った IRT 分析の詳細に移ろう．まずは必要なデータを読み込む．ここでは第 3 章で作成した冊子情報と採点済みデータを読み込む．

```
## パッケージのロード
library(tidyverse)

## 冊子情報の読み込み
form1 <- read.csv("forminfo_F0001.csv")

## テスト得点・採点済みデータの読み込み
## 項目部分を select + all_of で取り出す（第 4 章参照）
scored_21g1 <-
  read.csv("scored_data_2021_grade1.csv") %>%
  as_tibble() %>%
  select(all_of(form1$item_id)) %>%
  print()
```

```
## # A tibble: 1,000 x 50
##   M100025 M100021 M100015 M100074 M100004 M100055 M100059 M100100
##     <int>   <int>   <int>   <int>   <int>   <int>   <int>   <int>
## 1       0       0       0       0       1       1       1       1
## 2       0       0       0       0       1       1       0       1
## 3       1       1       1       0       1       1       1       1
## 4       0       1       1       0       1       1       1       1
## 5       0       1       1       0       1       1       1       1
## # ... with 995 more rows, and 42 more variables: M100054 <int>,
## #   M100053 <int>, M100062 <int>, ...
```

6.4 項目パラメータの推定

6.4.1 モデルの指定

mirt パッケージで項目パラメータを推定するには mirt 関数を用いる．ここではラッシュモデル（Rasch model），2 パラメータ・ロジスティックモデル（2-parameter logistic model；2PL モデル），3 パラメータ・ロジスティックモデル（3-parameter logistic model；3PL モデル）の 3 つのモデルで推定し，どれが最もデータに適合しているかを尤度比検定および情報量規準によって判断する．

```
library(mirt)
fit_rasch <- mirt(data = scored_21g1, model = 1, itemtype = "Rasch",
                SE = TRUE, verbose = FALSE)
fit_2pl <- mirt(scored_21g1, 1, "2PL", SE = TRUE, verbose = FALSE)
fit_3pl <- mirt(scored_21g1, 1, "3PL", SE = TRUE, verbose = FALSE)
```

mirt 関数は多くの引数を持っているが，最初の3つ（data, model, itemtype）が重要である [*1]．第1引数の data は採点済みデータのオブジェクトで，行方向に受検者，列方向に項目を並べ，各セルに項目得点（正誤; 欠測値は NA とする）を入れた行列またはデータフレームを指定する．第2引数の model は探索的分析の場合は次元数を指定し，検証的分析の場合は分析モデルを記述したオブジェクトを指定する．現在の例では1次元モデルでの探索的分析を行うため，1が指定されている（検証的分析については後述する）．第3引数の itemtype には IRT のモデルを表す文字列を指定する．上記の例ではそれぞれ Rasch（ラッシュモデル），2PL（2PL モデル），3PL（3PL モデル）が指定されているが，他にも graded（graded response model; 段階反応モデル），gpcm（generalized partial credit model; 一般化部分採点モデル），nominal（nominal response model; 名義反応モデル）などが選択可能である．

6.4.2 モ デ ル 選 択

次に，手元のデータに対してどのモデルが最も適合しているかを尤度比検定および情報量規準によって評価する．これには anova 関数を用いる．2つのモデルまで同時に比較することができるので，まずはラッシュモデルと 2PL モデルを比較してみよう．

```
## ラッシュモデル vs 2PL モデル
anova(fit_rasch, fit_2pl)

##
## Model 1: mirt(data = scored_21g1, model = 1, itemtype = "Rasch", SE = TRUE,
##     verbose = FALSE)
## Model 2: mirt(data = scored_21g1, model = 1, itemtype = "2PL", SE = TRUE,
##     verbose = FALSE)
##         AIC     SABIC      HQ      BIC     logLik     X2   df   p
## 1 47573.66 47661.97 47668.79 47823.95 -23735.83    NaN  NaN NaN
## 2 47437.95 47611.12 47624.48 47928.72 -23618.97 233.709  49   0
```

出力には赤池情報量規準（Akaike Information Criterion; AIC）やベイズ情報量規準（Bayesian Information Criterion; BIC）といった情報量規準のほか，尤度比検定の χ^2 統計量（X2）や自由度（df），p 値（p）が出力されている．情報量規準は値そのものを解釈するのではなく，相対的な大小によってデータへの適合度を見るものである．どの情報量規準も値が小さいほどデータへの適合が良いことを意味するので，上記の例では BIC 以外が 2PL モデルを支持していることになる．

尤度比検定ではラッシュモデルと 2PL モデルのように階層的になっている2つのモデルについて，「データへの当てはまりは2つのモデルで同程度」という帰無仮説を統計的に検定する．帰無仮説が棄却された場合，パラメータ数が多いモデルの方がデータへの適合が良いと考える．上記の例の場合，p 値が有意水準（ここでは $\alpha = 0.05$）よりも小さいため帰無仮説を棄却し，2PL モデルの方がよりデータに当てはまっていると判断する．

続いて 2PL モデルと 3PL モデルを比較してみよう．

[*1] SE は推定値の標準誤差を計算するよう指示するオプションで，verbose はコンソール上への推定経過の出力調整するオプション（FALSE は表示させない）を表す．

```
## 2PL モデル vs 3PL モデル
anova(fit_2pl, fit_3pl)
```

```
##
## Model 1: mirt(data = scored_21g1, model = 1, itemtype = "2PL", SE = TRUE,
##     verbose = FALSE)
## Model 2: mirt(data = scored_21g1, model = 1, itemtype = "3PL", SE = TRUE,
##     verbose = FALSE)
##         AIC     SABIC       HQ      BIC    logLik     X2 df     p
## 1 47437.95 47611.12 47624.48 47928.72 -23618.97    NaN NaN   NaN
## 2 47507.43 47767.19 47787.23 48243.60 -23603.72 30.514  50 0.987
```

この比較ではすべての指標が 2PL モデルを支持している．これらの結果から，2PL モデルが 3 つのモデルの中で最も手元のデータに適合していると結論付けられる．

6.4.3 項目パラメータの推定値の取得

項目パラメータの推定値を取得するには推定後のオブジェクトに coef 関数を適用する．coef 関数は第 1 引数に mirt 関数からの出力オブジェクト（以下，mirt オブジェクトと呼ぶ）を取るほか，標準誤差/信頼区間の出力を切り替える printSE，パラメータ表現を傾き・切片形式から識別力・困難度形式に切り替える IRTpars，そしてオブジェクトの出力形式をリストからデータフレームに切り替える simplify などの引数をとる．

```
## 項目パラメータ + 母集団パラメータ
## 結果は項目ごとのリスト形式（1 項目のみ表示）
coef(fit_2pl, printSE = FALSE)[[1]]  # 推定値 + 信頼区間（デフォルト）
```

```
##               a1           d  g  u
## par     1.587539 -0.174018138  0  1
## CI_2.5  1.350747 -0.353971678 NA NA
## CI_97.5 1.824332  0.005935402 NA NA
```

```
coef(fit_2pl, printSE = TRUE)[[1]]  # 推定値 + 標準誤差
```

```
##            a1          d logit(g) logit(u)
## par 1.5875394 -0.17401814     -999      999
## SE  0.1208149  0.09181472       NA       NA
```

```
coef(fit_2pl, printSE = TRUE, IRTpars = TRUE)[[1]]   # 識別力・困難度形式
```

```
##            a          b  g  u
## par 1.5875394 0.10961500  0  1
## SE  0.1208149 0.05790081 NA NA
```

出力がリスト形式の場合，各要素は各項目に対応している．各列が各パラメータに対応しており，a1 は識別力パラメータ（傾きパラメータ），d は切片パラメータ，g が当て推量パラメータ（下限値パラメータ），u が上限値パラメータを表す．IRTpars を TRUE にした場合

は切片パラメータ d が b に変換される（$b_j = -d_j/a_j$）．par の行はパラメータの推定値を，CI_2.5 と CI_97.5 の行は信頼区間（confidence interval; CI）の下限と上限，そして SE の行は標準誤差（standard error; SE）を表している（NA は推定されていないことを意味する）．

次の例では coef 関数の引数 simplify を TRUE にすることで出力をデータフレームとして受け取り，それを以降の分析で扱いやすいように加工している．

```
## データフレーム形式（行が項目 x パラメータ）
## 識別力・困難度パラメータのみ抽出
est_21g1_df <-
  coef(fit_2pl, IRTpars = TRUE, simplify = TRUE) %>%
  pluck("items")  # pluck: リストの要素を取り出す purrr パッケージの関数

## 抽出直後は g や u も含まれているのに加え,
## 項目 ID が変数でなく行名となっていて使いにくい
head(est_21g1_df, 3)
```

```
##                 a          b g u
## M100025 1.587539  0.1096150 0 1
## M100021 1.720443 -1.2204766 0 1
## M100015 1.541955 -0.4766847 0 1
```

```
## 項目 ID を明示的に変数として持ち，かつ a と b のみを抽出する
ip_est_21g1 <-
  coef(fit_2pl, IRTpars = TRUE, simplify = TRUE) %>%
  pluck("items") %>%
  as_tibble(rownames = "item_id") %>%
  select(item_id, a, b) %>%
  print()
```

```
## # A tibble: 50 x 3
##   item_id     a      b
##   <chr>   <dbl>  <dbl>
## 1 M100025  1.59  0.110
## 2 M100021  1.72 -1.22
## 3 M100015  1.54 -0.477
## 4 M100074  1.49  1.13
## 5 M100004  1.98 -2.16
## # ... with 45 more rows
```

6.5　受検者パラメータの推定

項目パラメータの値が既知の場合，採点済みデータを使って受検者パラメータ θ の推定を行うことができる．受検者パラメータを推定するには mirt オブジェクトに fscores 関数を適用する．利用できる推定法には事後平均法（expected a posteriori; EAP）や事後確率最大法（maximum a posteriori; MAP），最尤法（maximul likelihood; ML）といった標準的なも

のに加えて，国際的大規模調査などで用いられる推算値（plausible values）も選択可能である．下記の例では事後平均法で個人パラメータを推定し，その標準誤差も出力に含めるよう full.score.SE = TRUE を指定している．

```
## 事後平均法（EAP; デフォルト）
theta_21g1 <-
  fscores(fit_2pl, method = "EAP", full.scores.SE = TRUE) %>%
  as_tibble() %>%
  set_names(c("theta_est", "theta_se")) %>%    # リストやデータフレームの名前を設定
  print()  # theta_est: 推定値, theta_se: 標準誤差
```

```
## # A tibble: 1,000 x 2
##    theta_est theta_se
##        <dbl>    <dbl>
## 1     -0.701    0.225
## 2     -0.862    0.226
## 3      0.313    0.238
## 4     -0.251    0.226
## 5      0.834    0.265
## # ... with 995 more rows
```

6.6 IRT のグラフ

mirt オブジェクトを plot 関数と組み合わせることで IRT の各種グラフを描くことができる．plot 関数は mirt オブジェクトを第 1 引数にとり，第 2 引数 type でグラフの種類を指定する．デフォルトは type = "score"でテスト特性曲線（test characteristics curve; TCC）を描画する．score 以外のオプションとしては trace（項目特性曲線; item characteristics curve; ICC），info（テスト情報曲線（test information curve; TIC），infotrace（項目情報曲線; item information curve; IIC）などが用意されている．なお，グラフの作成には lattice パッケージが使われているので，凡例などの細かな調整には lattice パッケージの xyplot 関数の引数を使うことになる．以下ではそれぞれのグラフの描き方を見ていく．

6.6.1 項目特性曲線

項目特性曲線（ICC）を描く際に便利なパラメータに which.item と facet_items がある．which.item は ICC を描画したい項目を選択する際に用いる（デフォルトでは全項目がプロットされる）．facet_items は項目ごとにパネル（ファセット）を作ってプロットするか（facet_items = TRUE，デフォルト値），指定された項目をすべて 1 つの図に収めるか（facet_items = FALSE）を選択できる．

```
## 前半 25 項目を項目ごとにプロット（図 6.3）
plot(fit_2pl, type = "trace", which.item = 1:25, facet_items = TRUE)
```

Item Probability Functions

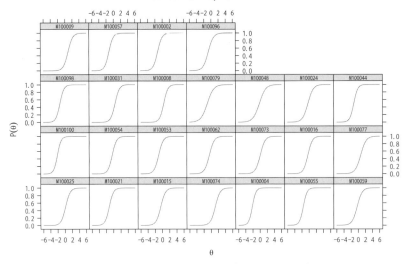

図 **6.3**　前半 25 項目の ICC（1 項目 1 パネル）

```
## 後半 25 項目を 1 つの図にプロット（図 6.4）
plot(fit_2pl, type = "trace", which.item = 26:50, facet_items = FALSE)
```

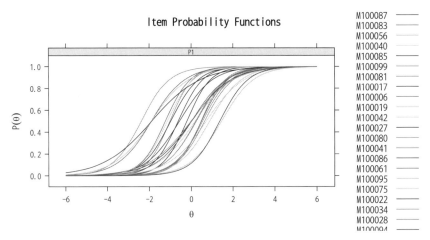

図 **6.4**　後半 25 項目の ICC（25 項目を 1 パネルに）

6.6.2　テスト特性曲線（**TCC**）

　項目特性曲線の縦軸が反応確率 $P_j(\theta)$ を表していたのに対し，テスト特性曲線の縦軸は期待得点（テスト得点の期待値）を表す．特に 2 値型モデルの場合は期待正答数 $T(\theta) = \sum_{j=1}^{J} P_j(\theta)$ となる．

　テスト特性曲線を描くためには plot 関数で type = "score"を指定する．

```
## テスト特性曲線（図 6.5）
plot(fit_2pl)  # type = "score"がデフォルト
```

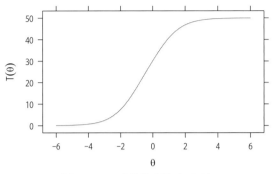

図 **6.5** テスト特性曲線（TCC）

このグラフから，$\theta = 0$ 程度の能力を持つ受検者がこのテストを受けた場合，正答数が 30
程度になることが読み取れる．

6.6.3 テスト情報曲線

テスト情報曲線（TIC）は受検者パラメータの測定精度を θ の関数として表したものである．測定精度を表すテスト情報量 $I(\theta)$ と推定誤差を表す標準誤差 $SE(\theta)^{*2)}$ の間には

$$SE(\theta) = \frac{1}{\sqrt{I(\theta)}}$$

という関係があるので，分析者は自身の目的に合わせて情報量をプロットするか，標準誤差
をプロットするか，あるいはその両方をプロットするか決める必要がある．下記の 3 つの例
はそれぞれのタイプのグラフを描くためのスクリプトである（テスト情報量，標準誤差，そ
の両方）．グラフのタイプはこれまでと同様に引数 type で指定する．TIC を描くには type
= "info"を，標準誤差の場合には type = "SE"を指定し，TIC と標準誤差を同時にプロッ
トしたいときには type = "infoSE"と指定する．

```
plot(fit_2pl, type = "info")  # テスト情報曲線（図 6.6）
```

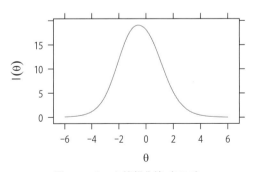

図 **6.6** テスト情報曲線（TIC）

---

*2) θ の関数であること，つまり θ の値ごとの測定誤差であることを強調して「測定の条件付き標準誤差」
（conditional standard error of measurement; CSEM）と呼ぶこともある．

```
plot(fit_2pl, type = "SE")    # 標準誤差（図 6.7）
```

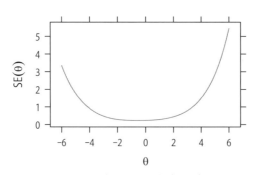

図 **6.7**　測定の標準誤差（SEM）

```
plot(fit_2pl, type = "infoSE")    # テスト情報曲線 + 標準誤差（図 6.8）
```

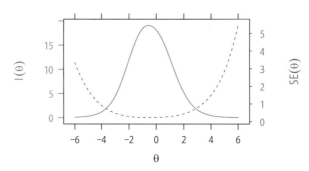

図 **6.8**　テスト情報曲線と測定の標準誤差の同時プロット

　これらのグラフから，このテストは $\theta = -0.5$ 付近で最大精度（最小測定誤差）となり，$-2 < \theta < 2$ の範囲を相対的に良い精度で（小さな測定誤差で）測定できていると読み取れる.

6.7　検証的分析

6.7.1　探索的分析と検証的分析

　これまで行ってきた IRT の分析はすべての項目パラメータが未知であるとし，その推定値を求めるものであった．このようにパラメータに特定の仮説を入れず，データからすべてを推定する分析を「探索的分析」（exploratory analysis）と呼ぶ．対照的に一部のパラメータを何らかの仮説に基づいてある値に固定して推定し，モデル適合度から仮説の是非を検討する分析を「検証的分析」または「確認的分析」（どちらも confirmatory analysis）と呼ぶ．「探索的」，「検証的」という用語は因子分析や構造方程式モデリングで使われるものであるが，IRT でも同様の考えに基づいて分析することができる.

6.7.2 検証的分析を使った等化の原理

　IRT において検証的分析を行う例として，ここでは固定項目パラメータ法による等化を取り上げる．本書のサンプルデータでは同じコホートでも学年ごとに異なる冊子を用いているため，同じコホートの結果を1年生，2年生，3年生と経年で比較する場合には等化（正確には垂直尺度化）が必要になる．また，同じ仕様のテストが異なる冊子で3年間実施されているので，年度をまたいで同一学年を比較する際にも等化が必要になる（水平等化）．このように実際の教育場面でテスト得点を比較したいシチュエーションは多く，複数冊子を用いるテストの開発・運営に等化は欠かせないものとなっている．

　IRT は等化の考え方を自然に含んだ統計モデルで，等化との相性が非常に良い．核となるアイデアは「項目と受検者をすべて同じ尺度上に布置する」というものである．これにより，易しいテスト・難しいテスト・能力が高い受検者・能力が高くない受検者をすべて同じ尺度上で比較できるようになる．また，すでに IRT によって構成された尺度があって，その尺度上で過去の受検者や既存の項目・テストの位置がわかっているなら，それらの位置を固定した状態で新たな項目や受検者の位置を推定することができる．検証的分析による等化（固定項目パラメータ法）は以上のアイデアに基づいている．

　図 6.9 は項目分析の章で説明した図 3.2 の再掲である．本書のサンプルデータは異なる冊子間で項目が半分ずつ重複するようなデザインになっている（共通項目デザイン）．そのため2年目または3年目のテストを実施する段階で，その年の出題項目の半分は項目パラメータが推定されていることになる．この推定値を利用することで，その年に新たに出題された項目のパラメータや，受検者の能力値パラメータを前年と同じ尺度を用いて推定することができるようになる．以上のような等化のやり方を「固定項目パラメータ法」(fixed item parameter calibration) という [3]．

1年生	実施年度（使用冊子）		
重複率50% 全体共通項目なし	2021 （冊子1）	2022 （冊子4）	2023 （冊子7）
項目セット1	○		
項目セット2	○	○	
項目セット3		○	○
項目セット4			○

図 **6.9** 実施年度ごとの冊子構成（1学年分：再掲）

6.7.3 検証的分析による等化の実行

　それでは実際に固定項目パラメータ法による等化を mirt パッケージの検証的分析によっ

---

　[3]　共通項目デザインを使った等化の場合，冊子間で項目パラメータが等しいという前提が必要になる．テスト実施後に問題や解答が公開される場合，テスト対策などによって2回目以降の出題で正答率が高くなってしまうことが予想される．このような場合，1回目と2回目以降で項目の性質が変化してしまうため，共通項目デザインを用いた等化ができない．これが IRT に基づくテストでは問題が非公開となることが多い理由の1つである．

て実行してみよう．共通項目 25 項目を含む全 50 項目の設定をすべて手動でコーディングするのは大変なだけでなく，ミスを誘発してしまう．またミスがあった場合，長いシンタックスのどこにミスがあるのかがわかりにくく，修正の妨げにもなる．そのため本節ではパラメータテーブルによってモデルを指定する方法を採用する．

パラメータテーブルは分析の設定をデータフレームにまとめたものであり，mirt 関数の引数 pars を pars = "values"として実行することで取得することができる．パラメータテーブルが実際にどのようなものかを見てみよう．まずは冊子の情報と採点済みデータを読み込む．

```
## 冊子情報の読み込み (Form 4, 2022)
form4 <-
  read.csv("forminfo_F0004.csv") %>%
  as_tibble() %>%
  print()
```

```
## # A tibble: 50 x 6
##   item_id form_id order   key content_domain cognitive_domain
##   <chr>   <chr>   <int> <int> <chr>          <chr>
## 1 M100029 F0004       1     1 Number         Applying
## 2 M100007 F0004       2     1 Algebra        Knowing
## 3 M100089 F0004       3     5 Number         Applying
## 4 M100013 F0004       4     5 Number         Knowing
## 5 M100003 F0004       5     5 Algebra        Reasoning
## # ... with 45 more rows
```

```
## テスト得点・採点済みデータ読み込み (2022, 1 年生)
## 項目部分のみを取り出す
scored_22g1 <-
  read.csv("scored_data_2022_grade1.csv") %>%
  as_tibble() %>%
  select(all_of(form4$item_id)) %>%
  print(width = 50)
```

```
## # A tibble: 1,000 x 50
##   M100029 M100007 M100089 M100013 M100003 M100055
##     <int>   <int>   <int>   <int>   <int>   <int>
## 1       1       1       1       1       1       1
## 2       0       1       0       0       0       1
## 3       1       0       1       0       0       1
## 4       1       1       1       0       1       1
## 5       1       1       1       1       0       1
## # ... with 995 more rows, and 44 more variables:
## #   M100059 <int>, M100100 <int>, M100076 <int>,
## #   ...
```

その後，mirt 関数を pars = "values" とともに実行し，結果をオブジェクトとして保存する．

```
## パラメータテーブルの取得（pars = "values"がポイント）
partab <- mirt(scored_22g1, 1, "2PL", pars = "values")
head(partab)  # これがパラメータテーブル
```

```
##   group    item class name parnum      value lbound ubound   est prior.type
## 1   all M100029  dich   a1      1  0.8510000   -Inf    Inf  TRUE       none
## 2   all M100029  dich    d      2  0.8808717   -Inf    Inf  TRUE       none
## 3   all M100029  dich    g      3  0.0000000      0      1 FALSE       none
## 4   all M100029  dich    u      4  1.0000000      0      1 FALSE       none
## 5   all M100007  dich   a1      5  0.8510000   -Inf    Inf  TRUE       none
## 6   all M100007  dich    d      6  0.6106930   -Inf    Inf  TRUE       none
##   prior_1 prior_2
## 1     NaN     NaN
## 2     NaN     NaN
## 3     NaN     NaN
## 4     NaN     NaN
## 5     NaN     NaN
## 6     NaN     NaN
```

パラメータテーブルには多くの情報が含まれているが，検証的分析で重要なのは est と value である．est はそのパラメータを推定するかどうかのフラグ（論理値，TRUE なら推定する）で，value は推定の初期値を意味する．検証的分析をするには冊子間で共通している項目の value を固定したい値，つまり以前に得られた推定値に上書きし，est を FALSE にして推定しない（初期値から変更しない）ようにすればよい．この変更は一つ一つ手動で行うこともできるが，ここでは冊子情報を利用して効率的に変更していくことにする．

ここで必要になる情報は共通項目のパラメータテーブル内での位置と，その項目パラメータの推定値である．これらの情報は冊子情報（form1 と form4）を結合することで取得することができる．結合の際のキーには項目 ID（item_id）を用いる．その他の変数については，どちらの冊子由来なのかを示す接尾辞を変数名に追加する（引数 suffix で指定）．結合結果は anchor という名前でオブジェクトとして保存する．

```
## 冊子情報の統合
anchor <-
  inner_join(form1, form4, suffix = c("_F1", "_F4"), by = "item_id") %>%
  as_tibble() %>%
  print()
```

```
## # A tibble: 25 x 11
##   item_id form_id_F1 order_F1 key_F1 content_domain_~ cognitive_domai~
##   <chr>   <chr>         <int>  <int> <chr>            <chr>
## 1 M100055 F0001             6      5 Algebra          Knowing
## 2 M100059 F0001             7      5 Algebra          Applying
## 3 M100100 F0001             8      1 Statistics       Knowing
## 4 M100053 F0001            10      3 Number           Applying
## 5 M100062 F0001            11      2 Geometry         Applying
```

```
## # ... with 20 more rows, and 5 more variables: form_id_F4 <chr>,
## #   order_F4 <int>, key_F4 <int>, ...
```

　次に，1 年目の推定値を anchor に追加する．項目パラメータの推定値は，6.4.3 項で扱っ
たように，ip_est_21g1 というオブジェクトに含まれているので，これを item_id をキーに
して anchor と結合する．

```
## 項目パラメータの推定値を結合（前のスクリプトに追記）
anchor <-
  inner_join(form1, form4, suffix = c("_F1", "_F4"),
             by = c("item_id", "content_domain", "cognitive_domain")) %>%
  as_tibble() %>%
  inner_join(ip_est_21g1, by = "item_id") %>%
  print()
```

```
## # A tibble: 25 x 11
##    item_id form_id_F1 order_F1 key_F1 content_domain cognitive_domain
##    <chr>   <chr>         <int>  <int> <chr>          <chr>
## 1 M100055 F0001             6      5 Algebra        Knowing
## 2 M100059 F0001             7      5 Algebra        Applying
## 3 M100100 F0001             8      1 Statistics     Knowing
## 4 M100053 F0001            10      3 Number         Applying
## 5 M100062 F0001            11      2 Geometry       Applying
## # ... with 20 more rows, and 5 more variables: form_id_F4 <chr>,
## #   order_F4 <int>, key_F4 <int>, ...
```

　最後に「困難度・識別力」として推定されたパラメータを，mirt パッケージのデフォルト
である「切片・傾き」パラメータに変換しておく．前述のように，2PL モデルの識別力パラ
メータと傾きパラメータは同じ値を取り（a_j），困難度パラメータ b_j と切片パラメータ d_j に
は次の関係が成り立つ．

$$d_j = -a_j b_j$$

この関係式を利用して，1 年目に得られた困難度パラメータを切片パラメータに変換する．

```
## 識別力・困難度形式から傾き・切片形式へ変換（前のスクリプトに追記）
anchor <-
  inner_join(form1, form4, suffix = c("_F1", "_F4"),
             by = c("item_id", "content_domain", "cognitive_domain")) %>%
  as_tibble() %>%
  inner_join(ip_est_21g1, by = "item_id") %>%
  mutate(d = - a * b)
select(anchor, a, b, d)  # 変換の結果の確認
```

```
## # A tibble: 25 x 3
##        a     b     d
##    <dbl> <dbl> <dbl>
## 1  1.89 -1.60  3.02
```

```
## 2  1.43 -0.296 0.423
## 3  1.95 -2.12  4.14
## 4  1.60 -1.03  1.65
## 5  1.49 -0.497 0.742
## # ... with 20 more rows
```

　次に anchor の情報を用いてパラメータテーブルを修正していく．ここで注意したいのは
パラメータテーブルのデータ形式である．パラメータテーブルはロング型になっており，1
つの項目の情報が複数行にわたってパラメータごとに格納されている．例えば M100029 とい
う項目の情報が上から順に識別力パラメータ（a1），切片パラメータ（d），下限値パラメータ
（g），上限値パラメータ（u）と 4 行にわたって格納されている．このため，項目ごとにまと
めて est や value を指定するのではなく，項目とパラメータの組み合わせごとに指定する必
要がある．

　以下のスクリプト例ではまず，パラメータテーブル（partab）と共通項目情報（anchor）
のそれぞれについて，項目 ID とパラメータ名の組み合わせからなる文字列オブジェクトを
paste0 関数で作り（item_name_partab, item_name_anchor_a, item_name_anchor_d），
それらを用いて固定したいパラメータがパラメータテーブル内の何行目に位置するかを表す
インデックスを match 関数で作っている（idx_a と idx_d）．

```
## パラメータテーブル内での項目 ID とパラメータ名の組み合わせ
item_name_partab <- paste0(partab$item, "_", partab$name)
head(item_name_partab, 3)
```

```
## [1] "M100029_a1" "M100029_d"  "M100029_g"
```

```
## 共通項目の項目 ID とパラメータ名の組み合わせ
item_name_anchor_a <- paste0(anchor$item_id, "_a1")  # 識別力
head(item_name_anchor_a)
```

```
## [1] "M100055_a1" "M100059_a1" "M100100_a1" "M100053_a1" "M100062_a1"
## [6] "M100016_a1"
```

```
item_name_anchor_d <- paste0(anchor$item_id, "_d")  # 切片
head(item_name_anchor_d, 3)
```

```
## [1] "M100055_d" "M100059_d" "M100100_d"
```

```
## 固定したい識別力パラメータのパラメータテーブル内での位置
idx_a <- match(item_name_anchor_a, item_name_partab)
head(idx_a, 3)
```

```
## [1] 21 25 29
```

```
idx_d <- match(item_name_anchor_d, item_name_partab)
head(idx_d, 3)
```

```
## [1] 22 26 30
```

　上で使われた paste0 は与えられた値を結合した文字列ベクトルを返す関数で，match は match(x, table) のように用い，x が table の中の何番目に位置するかを数値で返す関数となっている（idx_a と idx_d の長さが anchor の行数と同じになっていることに注意）．これらのインデックスを使って partab の value を固定したい値に上書きし，est を FALSE にすることで推定しないように変更する．

```
## 対応する位置のみ anchor 内の値を代入（上書き）
partab1 <- partab
partab1$value[idx_a] <- anchor$a
partab1$value[idx_d] <- anchor$d

## 対応する位置のみ est を FALSE に変更し，固定する
partab1$est[idx_a] <- FALSE
partab1$est[idx_d] <- FALSE
```

　最後に，母集団パラメータ（平均・分散・共分散）の est を TRUE に設定し，推定するように変更する．

```
## 項目側を固定するので受検者側を開放する
partab1$est[partab1$class == "GroupPars"] <- TRUE
```

　以上がパラメータテーブルの設定手続きである．ここで示したのは設定方法の1例であり，他のやり方でもパラメータテーブルを修正することが可能である．例えば，anchor を縦長方式（ロング形式）に変形し item と name をキーとして partab と結合することができるが，このとき共通項目のパラメータには anchor の推定値が存在するが，他は欠測となる．これを利用して mutate と if_else を利用して partab の value や est を上書きすることで固定推定用の partab を得ることができる．この場合，結合後の partab は元の partab と行順・列順が一致している必要があることや tibble は使用不可である点に注意が必要である．

```
## tidyverse を用いたパラメータテーブル修正の例
## anchor をロング型に変換
anchor_long <-
  anchor %>%
  select(item = item_id, a1 = a, d) %>%
  pivot_longer(c(a1, d), values_to = "fixed_value")
## オリジナルの partab と行順を揃えるために連番 seq を一時的に追加
partab2 <-
  partab %>%
  mutate(seq = 1:n()) %>%
  left_join(anchor_long, by = c("item", "name")) %>%
  mutate(value = if_else(is.na(fixed_value), value, fixed_value),
         est = is.na(fixed_value),
         est = if_else(class == "GroupPars", TRUE, est),
         est = if_else(name %in% c("g", "u"), FALSE, est)) %>%
  arrange(seq) %>%                # 行順を揃える
```

```
  select(all_of(names(partab)))   # 列順を揃える
str(partab2)   # tibble になっていないことを確認
```

```
## 'data.frame':    202 obs. of  12 variables:
##  $ group    : chr  "all" "all" "all" "all" ...
##  $ item     : chr  "M100029" "M100029" "M100029" "M100029" ...
##  $ class    : chr  "dich" "dich" "dich" "dich" ...
##  $ name     : chr  "a1" "d" "g" "u" ...
##  $ parnum   : int  1 2 3 4 5 6 7 8 9 10 ...
##  $ value    : num  0.851 0.881 0 1 0.851 ...
##  $ lbound   : num  -Inf -Inf 0 0 -Inf ...
##  $ ubound   : num  Inf Inf 1 1 Inf ...
##  $ est      : logi   TRUE TRUE FALSE FALSE TRUE TRUE ...
##  $ prior.type: chr  "none" "none" "none" "none" ...
##  $ prior_1  : num  NaN NaN NaN NaN NaN NaN NaN NaN NaN NaN ...
##  $ prior_2  : num  NaN NaN NaN NaN NaN NaN NaN NaN NaN NaN ...
```

　何らかの方法でパラメータテーブルの修正ができたなら，あとは検証的分析を実行するだけである．検証的分析にはこれまでと同様に mirt 関数を用いるが，追加の引数として pars に修正後のパラメータテーブルを指定する．推定結果のオブジェクトから項目パラメータを抽出する方法は以前と同様である（coef 関数などを用いる）．

```
## 固定推定の実行
fit_22g1_fixed <- mirt(scored_22g1, 1, pars = partab1, verbose = FALSE)
# fit_22g1_fixed <- mirt(scored_22g1, 1, pars = partab2, verbose = FALSE)

## 項目パラメータの推定値を抽出し，加工する
ip_est_22g1 <-
  coef(fit_22g1_fixed, simplify = TRUE, IRTpars = TRUE) %>%
  pluck("items") %>%
  as_tibble(rownames = "item_id") %>%
  select(item_id, a, b) %>%
  print()
```

```
## # A tibble: 50 x 3
##   item_id     a      b
##   <chr>    <dbl>  <dbl>
## 1 M100029   1.30 -0.693
## 2 M100007   1.20 -0.496
## 3 M100089   1.53 -1.83
## 4 M100013   1.02  0.353
## 5 M100003   1.32  0.668
## # ... with 45 more rows
```

　推定後には推定が正しく行われているか（共通項目のパラメータが正しく固定されているか，母集団パラメータが推定されているか）をチェックする．

```
## 共通項目の推定値を Form1 と Form4 で結合する
## inner_join なので共通項目以外は落とされる
ip_est_fixed_2122 <-
  inner_join(ip_est_21g1, ip_est_22g1,
             by = "item_id", suffix = c("_F1", "_F4")) %>%
  print()
```

```
## # A tibble: 25 x 5
##   item_id  a_F1   b_F1  a_F4   b_F4
##   <chr>   <dbl>  <dbl> <dbl>  <dbl>
## 1 M100055  1.89 -1.60   1.89 -1.60
## 2 M100059  1.43 -0.296  1.43 -0.296
## 3 M100100  1.95 -2.12   1.95 -2.12
## 4 M100053  1.60 -1.03   1.60 -1.03
## 5 M100062  1.49 -0.497  1.49 -0.497
## # ... with 20 more rows
```

```
## 同じ値かどうかをチェックする
with(ip_est_fixed_2122, all.equal(a_F1, a_F4))  # 識別力
```

```
## [1] TRUE
```

```
with(ip_est_fixed_2122, all.equal(b_F1, b_F4))  # 困難度
```

```
## [1] TRUE
```

```
## 固定推定時に母集団パラメータが推定されているかをチェックする
coef(fit_22g1_fixed)$GroupPars  # Mean_1 != 0, COV_11 != 1 であることを確認
```

```
##         MEAN_1    COV_11
## par 0.02842065 0.9454098
```

最後に，推定結果を外部ファイルとして保存する．

```
write.csv(ip_est_21g1, "item_parameter_estimate_2021_grade1.csv",
          row.names = FALSE)
write.csv(ip_est_22g1, "item_parameter_estimate_2022_grade1.csv",
          row.names = FALSE)
write.csv(theta_21g1, "theta_estimate_2021_grade1.csv", row.names = FALSE)
```

以上が検証的分析を応用した等化の手続きである．

6.8 その他の機能

　mirt パッケージはこれまで説明した機能の他にも多くの機能を提供している．本章の例では使わなかったが使用頻度が高いと思われる関数を以下にまとめた．詳細は mirt パッケー

ジのマニュアルや開発者の github のページ *4) を参照のこと.

- multipleGroup：多群分析の実行
- mdirt：多次元離散 IRT モデル（認知診断モデル）の推定
- mixedmirt：変量効果を含むモデルの推定（説明的 IRT explanatory IRT やマルチレベル IRT multilevel IRT など）
- boot.mirt：ブートストラップ法による標準誤差の推定
- M2：モデル適合度を算出（M^2, RMSEA, TLI, CLI など）
- itemfit：項目適合度を算出（S-X^2, Z_h, X^2, G^2, infit など）
- personfit：個人適合度を算出（Z_h, infit, outfit）
- DIF：多群分析を利用した特異項目機能（DIF）の分析
- simdata：反応データのシミュレータ

6.9 章のまとめ

　本章では mirt パッケージを用いた項目反応理論（IRT）による分析を紹介した. mirt パッケージを使うことによって 1 次元モデル（2 値モデル, 多値モデル）や多次元モデル, 探索的分析や検証的分析など幅広いテストデータのモデリングが可能となる. また検証的分析の応用として, 固定項目パラメータ法による等化を紹介した. 等化については第 9 章と第 10 章でも詳しく取り上げているため, そちらも参照してほしい.

---

*4) https://github.com/philchalmers/mirt/wiki

7

tidyverse 入門 3：
ggplot2 による作図

本章では tidyverse の中核を担うパッケージの 1 つで，グラフを作成するためのパッケージである ggplot2 パッケージを集中的に取り扱う．ggplot2 パッケージは R のデフォルトのグラフ作成用パッケージ graphics とは異なる文法体系（Grammar of Graphics）を持っており，この文法のおかげで細かなグラフの調整がシステマティックにできるようになっている．また，tidyverse の一部になっていることからもわかるように ggplot2 の文法体系は整然データと強く結び付いている．特に描きたいグラフのイメージから，必要とされる整然データの構造を逆算できる力と，実際に手元のデータをその形に加工する力の両方が必要となる．本章では主に前者の力を身に付けられるような例を構成し，図表による視覚的な解説を多く含むように工夫した．後者については第 4 章と第 5 章の内容が参考になるので，そちらもあわせて参照してほしい．

7.1　ggplot2 の基礎

まず本章の例で用いる項目分析の結果と項目パラメータの推定値をそれぞれ iteman21g1，ip21g1 という名前のオブジェクトとして読み込む．

```
## データの読み込み
## 項目分析の結果 (2021 年 1 年生)
iteman21g1 <- read.csv("item_analysis_result_2021_grade1.csv")
# 項目パラメータ推定値 (2021 年 1 年生)
ip21g1 <- read.csv("item_parameter_estimate_2021_grade1.csv")
```

ggplot2 では直線や点，棒といったそれぞれの図形オブジェクト（geometric object）が 1 つのレイヤー（layer）をなし，レイヤーを重ねることで目的のグラフを描画する方式となっている．図 7.1 は ggplot2 によるグラフの作成例である．この例では項目分析の結果をデータとして用い，横軸が項目正答率（mean），縦軸が点双列相関係数（pbs）の散布図に平滑化曲線を重ねたグラフを作成している（図 7.1 右）．このグラフは (1) 座標軸や軸のラベルなどを含む基本レイヤー，(2) 各項目を表す点からなる散布図のレイヤー，そして (3) 平滑化曲線とその信頼区間を含むレイヤーの 3 つから構成されている（図 7.1 左）．

基本レイヤーを作成するには ggplot 関数を用い，散布図レイヤーや平滑化レイヤーのような図形オブジェクト（geometric object）を作成するには geom_XXX 関数を用いる（XXX には図形名が入る．散布図の場合は point，平滑化曲線の場合は smooth）．レイヤーはプラス記号 + によって重ねられ，式全体で 1 つの ggplot オブジェクトを構成する．ggplot オブジェクトはスクリプト例の gg のようにオブジェクトとして代入・保存することができ，代入

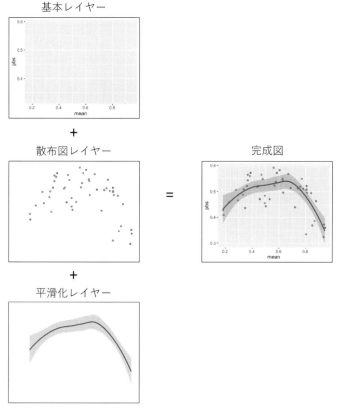

図 **7.1** ggplot2 のレイヤー例（凡例を除く）

後の ggplot オブジェクトには新たなレイヤーを加えることもできる．以下の例ではまず基本レイヤーのみのスクリプトを示し，そこから順に散布図レイヤー，平滑化レイヤー，水平参照線レイヤーを 1 つずつ重ねて表示させている．

```
library(tidyverse)  # ggplot2 パッケージもロードされる

## 基本レイヤーのみ（図7.2）
ggplot(data = iteman21g1, mapping = aes(x = mean, y = pbs))
```

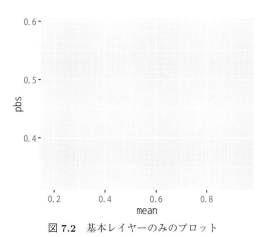

図 **7.2** 基本レイヤーのみのプロット

```
## 基本レイヤー + 散布図レイヤー（+ 凡例）（図 7.3）
ggplot(data = iteman21g1, mapping = aes(x = mean, y = pbs)) +
  geom_point(aes(color = content_domain))
```

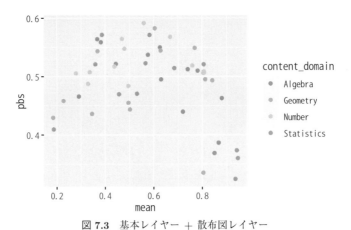

図 7.3　基本レイヤー + 散布図レイヤー

```
## 基本レイヤー + 散布図レイヤー + 平滑化レイヤー（図 7.4）
ggplot(data = iteman21g1, mapping = aes(x = mean, y = pbs)) +
  geom_point(aes(color = content_domain)) +
  geom_smooth(se = FALSE)  # 見やすさのために予測の標準誤差の表示を抑制
```

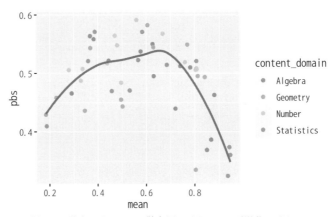

図 7.4　基本レイヤー + 散布図レイヤー + 平滑化レイヤー

```
## ggplot オブジェクトに対してレイヤーを追加（y = 0.4 の水平な破線）（図 7.5）
## + でつないだ一連のレイヤーは ggplot オブジェクトとして保存できる
gg <-
  ggplot(data = iteman21g1, mapping = aes(x = mean, y = pbs)) +
  geom_point(aes(color = content_domain)) +
  geom_smooth(se = FALSE)

## 保存された ggplot オブジェクトにレイヤーを追加することができる
gg + geom_hline(yintercept = 0.4, linetype = "dashed")
```

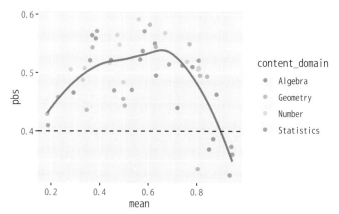

図 **7.5**　基本レイヤー ＋ 散布図レイヤー ＋ 平滑化レイヤー ＋ 水平参照線

　例の中で使われている aes 関数は図形の色や大きさ，線の太さといった「審美的属性」(aes-thetic attribute) にデータ中の変数を割り当てるための関数である．例えば上の例の ggplot 関数の中で指定されている x = mean は，グラフ内での水平位置を意味する審美的属性 x にデータ中の変数 mean（項目正答率）を割り当てるという意味になる．同様に，y = pbs というコードはグラフ内での垂直位置を表す審美的属性 y にデータ中の変数 pbs（点双列相関係数）を割り当てている．このように aes 関数を用いることで，geom_point 関数によって追加される点（＝データの各行）は水平位置が各項目の正答率（mean）で垂直位置が点双列相関係数（pbs）を表したものとなる．

　審美的属性の別の例として，散布図レイヤー geom_point(aes(color = content_domain)) に注目してみよう．この例では各点の色を表す審美的属性 color に変数 content_domain が割り当てられている [*1]．変数 content_domain は Algebra, Geometry, Number, Statistics という 4 つの値（カテゴリー）を持つ離散変数で，これらの値がそれぞれ違う審美的属性の値（今の場合は色）に対応付けられている．このように審美的属性にデータの変数を割り当てることを「審美的マッピング」(aesthetic mapping) という（図 7.6）．また，変数の各値と審美的属性の値の対応関係を決める仕組みをスケール (scale) という．

　ggplot 関数内で aes 関数を用いても geom_point 関数内で用いても審美的マッピングを実行することができるが，ggplot 関数内で指定した審美的マッピングが全レイヤー共通になるのに対し，geom 関数内で指定したマッピングはその図形レイヤー固有のものとなる [*2]．今回の例でいうと，ggplot 関数内で指定されている水平位置・垂直位置についての審美的マッピング aes(x = mean, y = pbs) は geom_point, geom_smooth, geom_hline のすべてで使われている．一方で geom_point 関数内で指定されている色に関するマッピング aes(color = content_domain) は geom_point（散布図レイヤー）にだけ適用されている．この適用範囲の違いは次の例のように aes(color = content_domain) を ggplot 関数内で指定した場合と比較することによって明確に理解できるだろう（図 7.5 と図 7.7 を比較せよ）．実行結果から

[*1]　印刷の都合でグレースケールのようになっているが，実際には Algebra が赤，Geometry が緑，Number が青，Statistics が紫になっている．

[*2]　引数 data についても同様で，各 geom 関数内で特に指定がない場合は基本レイヤー内（ggplot 関数内）で指定された data を継承することになる．逆に言えば，レイヤーごとに異なるデータを指定することもできる．

審美的マッピング
mapping = aes(color = content_domain)

color（審美的属性）		content_area（変数）
赤	⇔	Algebra
緑	⇔	Geometry
青	⇔	Number
紫	⇔	Statistics

データの値（左ブラケット）　審美的属性の値（右ブラケット）

- 審美的マッピング＝変数と審美的属性を対応させること
- スケール＝データの値と審美的属性の値の対応関係

図 7.6　審美的マッピングの概念図

明らかなように，aes(color = content_domain) を ggplot 関数内に移すと geom_smooth や geom_hline にもマッピングが適用され，内容領域ごとに色が異なる平滑化曲線が推定されるようになる．

```
## color = content_domain が ggplot 関数内にあるので
## geom_smooth と geom_hline にも適用される（図 7.7）
ggplot(data = iteman21g1,
       mapping = aes(x = mean, y = pbs, color = content_domain)) +
  geom_point() +  # cf. geom_point(aes(color = content_domain))
  geom_smooth(se = FALSE) +
  geom_hline(yintercept = 0.4, linetype = "dashed")
```

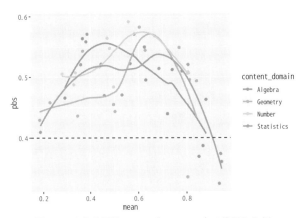

図 7.7　審美的属性 color を ggplot 内で使用した例

最後に，geom_hline は水平な直線（horizontal line）を作成する関数で，引数 yintercept と linetype はともに geom_hline の審美的属性である．ただし，ここでは前の例と違って aes 関数を使わずに yintercept = 0.4 や linetype = "dashed"と値が直接指定されていることに注意したい．このようにデータに合わせてグラフの色や形を変える必要がない場合には審美的属性に直接値を指定することもできる．

7.2 レ イ ヤ ー

　これまでの例からわかるように，ggplot2 パッケージによる作図はレイヤーを中心に進んでいく．そのためレイヤーの取り扱いに慣れることが ggplot2 パッケージによる作図を学ぶことの中心となる．このセクションでは様々な図形オブジェクトを描くための関数を紹介するとともに，図形タイプ以外のレイヤーの構成要素についても触れていく．

7.2.1 レイヤーの構成要素

　前節の例において図形レイヤーを作るときは geom_point や geom_smooth といった geom 関数を用いたが，これらの geom 関数はすべて layer 関数のラッパー関数 *3) となっている．layer 関数は引数に図形オブジェクト（geometric object; geom）の種類，統計的変換（statistical transformation; stat），データ（data），審美的マッピング（mapping），位置調整（position adjustment; position）などをとり，geom 関数はこれらのうち geom や stat，position の既定値が定められている layer 関数と見ることができる．例えば散布図を描くのに使った geom_point は geom = "point", stat = "identity", position = "identity"が既定値となっている．ggplot2 パッケージでは審美的マッピングに加えて，これらの引数を設定することでグラフの調整を行っていく．以下では代表的な図形オブジェクトを見ていく中で stat や position の使い方を学んでいく．

7.2.2 散　　布　　図

　散布図（scatter plot）は 2 つの連続変数を x 軸と y 軸に取り，各観測を点として表現するグラフで，2 変数間の関係を可視化するために用いられる．ggplot2 関数で散布図を作るには geom_point 関数を用いる．geom_point 関数は x（水平位置・横軸，必須要素），y（垂直位置・縦軸，必須要素），color（点の色），shape（点の形状），size（点の大きさ），stroke（点の縁の太さ）などの審美的属性を指定できる．次の例では各点が 1 つの項目を表しており，横軸に出題順（order），縦軸に項目正答率（mean）をとって，出題位置によって難易度に違いがないかをチェックしている．このとき点双列相関係数（pbs）を点の大きさ（size）に，内容領域（content_domain）を点の色（color）に，認知領域（cognitive_domain）を点の形状（shape）にマッピングしている．

```
## 散布図のスクリプト例（出題位置による正答率の差があるか？）（図 7.8）
ggplot(data = iteman21g1,
       mapping = aes(x = order,    # 連続変数
                     y = mean,     # 連続変数
                     size = pbs,   # 連続変数
                     color = content_domain,   # 離散変数
                     shape = cognitive_domain)) +   # 離散変数
  geom_point()
```

---

　*3)　利便性の観点から関数の引数のデフォルト値を本来のものから別の値に変えて定義した関数のこと．例えば write.csv 関数は write.table 関数のラッパー関数となっている．

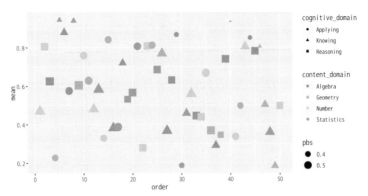

図 **7.8**　散布図の例 1（出題位置 vs 項目正答率）

　審美的マッピングを指定する際は変数と審美的属性が連続量なのか，それとも離散量なのかに気を付けなければならない．というのも審美的属性によっては連続型・離散型の一方にしか対応していないスケールがあるためである．例えば x や y，color は連続変数と離散変数の両方に対応したスケールを持っているが，shape などは離散型のスケールしか持っていない．そのため，例えば shape に連続量である mean を割り当てようとしても結果はエラーとなる．

　ここまで，変数の値ごとに図形の特徴を変化させる方法として審美的マッピングを紹介してきたが，例えばすべての点の色を一律にデフォルト以外のものにしたい場合もあるだろう．そういった場合には aes 関数を用いずに審美的属性の値を直接指定することで設定を変更することができる．例えば散布図の点を赤い正方形（塗りつぶしあり）にしたい場合，形状（shape）には shape = 1 または shape = "square"を指定し，色には color = "#FF0000"（16 進数カラーコード）まはた color = "red"を指定する．

```
## 散布図のスクリプト例 2（項目正答率と点双列相関係数の関係）（図 7.9）
## 一律に赤い正方形の点が使われていることに注意
ggplot(data = iteman21g1,
       aes(x = mean, y = pbs)) +
  geom_point(shape = "square", color = "red", size = 2)
```

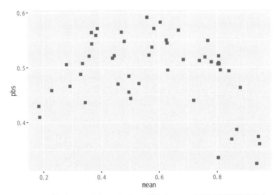

図 **7.9**　散布図の例 2（項目正答率 vs 点双列相関係数）

　各審美的属性の設定可能な値についてはコンソールで vignette("ggplot2-specs") を実

行するか，ggplot2 関数の公式ウェブページ [4] で確認できるので，それらを参照してほしい．

7.2.3 折れ線グラフ

　折れ線グラフ（line chart）は横軸にしばしば時間経過を表す（連続）変数，縦軸に連続変数をとり，縦軸の変数の経的時変化を示すグラフである．ggplot2 パッケージで折れ線グラフを描くには geom_line 関数を用いる．

```
## 基本となる項目正答率の折れ線グラフ（出題順）（図 7.10）
## 出題順（order）は数値（連続量）扱い
ggplot(data = iteman21g1,
       mapping = aes(x = order, y = mean)) +
  geom_line()
```

図 7.10　折れ線グラフ例（出題位置と正答率の関係，位置効果の確認）

　geom_line で扱える審美的属性には必須属性である x（水平位置）や y（垂直位置）の他に，グループ（group）・色（color）・太さ（linewidth）・線種（linetype）などがある．線の太さを調節する場合，geom_line では linewidth を使うが geom_point では stroke（点の周りの枠線の太さ）を使うことに注意が必要である．

　geom_line と一緒によく使われる審美的属性に group がある．group は 1 つのグラフに複数の線を描画する際に個々の線を規定するのに用いる属性で，横軸に時間，縦軸に測定値，各線が測定単位（個人・グループ）をとるような時系列データの描画によく用いられる．下記の例は時系列データではないが，項目分析において出題順に 10 項目ごとのグループを作り，そのグループごとに折れ線を区切って表示させている．

```
## 10 項目ごとに折れ線をグルーピング（図 7.11）
d_gg <- iteman21g1 %>%
  mutate(grp = case_when(
    order <= 10 ~ "group 1",
    order <= 20 ~ "group 2",
    order <= 30 ~ "group 3",
    order <= 40 ~ "group 4",
    TRUE ~ "group 5"))
```

---

[4]　https://ggplot2.tidyverse.org/articles/ggplot2-specs.html

```
## 審美的属性 group で線のまとまりを決める
ggplot(d_gg, aes(x = order, y = mean, group = grp)) + geom_line()
```

図 **7.11**　折れ線グラフの例 2（グループ化）

　group によるグルーピングは color や linetype といった審美的属性と同時に行われることがある．この場合のグルーピングは group を指定していなくても，color や linetype が指定されていれば自動的に行われる（下記例参照）．

```
## linetype によるグルーピングの例（図 7.12）
ggplot(d_gg, aes(x = order, y = mean, linetype = grp)) + geom_line()
```

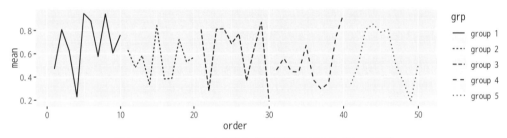

図 **7.12**　折れ線グラフの例 3（審美的属性によるグループ化）

7.2.4 ヒストグラム

　ヒストグラム（histogram）は度数分布表を図にしたもので，横軸に「ビン」（bin）と呼ばれる連続量を分割して作られた区間をとり，縦軸に各ビンに含まれる観測数をとってバー（棒）を並べたグラフである．ヒストグラムを使うと連続変数の分布の様子を視覚的に把握することができる．ヒストグラムを作るための geom 関数は geom_histogram である．これまで紹介してきた geom 関数とは違い，geom_histogram のデフォルトの統計処理は bins となっている．stat = "bins" が指定されていると，x に指定されている連続変数をいくつかの区間（ビン）に分け，区間ごとにそこに含まれる観測数をカウントしたり，総数に対する割合や密度など，頻度をもとにした数量を計算する [*5)]．計算された結果は特に指定がない場合，縦軸（y）として指定される（ビンごとの観測数は数値として元のデータに含まれていないことに注意）．デフォルトではビンの数が 30 となるように区切られるが，bins（ビンの数）や

---

*5)　stat によって計算された変数のことを computed variable という．

binwidth（ビンの幅）などの引数によって区切り方を変えることが可能である.

```
## 基本となる項目正答率（mean）のヒストグラム（図 7.13）
ggplot(iteman21g1, aes(x = mean)) + geom_histogram()
```

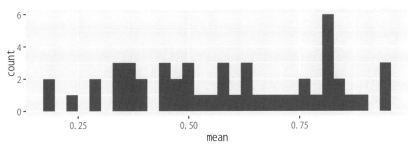

図 **7.13**　項目正答率のヒストグラム例 1

```
## ビンの数は bins で変更可能（図 7.14）
ggplot(iteman21g1, aes(x = mean)) + geom_histogram(bins = 100)
```

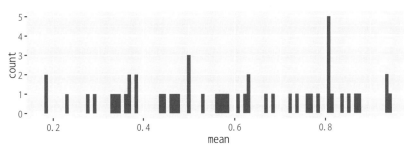

図 **7.14**　項目正答率のヒストグラム例 2（ビン数 = 100）

```
## ビンの数の代わりに，ビンの幅を binwidth で指定（図 7.15）
ggplot(iteman21g1, aes(x = mean)) + geom_histogram(binwidth = 0.05)
```

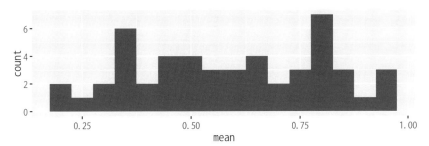

図 **7.15**　項目正答率のヒストグラム例 3（ビン幅 = 0.05）

なお，ビンの内部の色は color ではなく fill で指定する（color はビンの枠の色）.

```
## ビンの枠の色は color で，ビンの内部の色は fill で指定（図 7.16）
ggplot(iteman21g1, aes(x = mean)) +
```

```
geom_histogram(binwidth = 0.05,    # ビンの幅
               color = "black",    # 枠線を黒に
               fill = "white")     # ビンの内部を白に
```

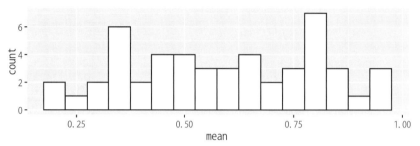

図 7.16　項目正答率のヒストグラム例 4（color と fill の使い分け）

7.2.5　棒　グ　ラ　フ

　棒グラフ（bar chart）は横軸に離散変数（カテゴリカル変数），縦軸に各カテゴリーに対応する特徴量を取るグラフで，バーの長さが特徴量の大きさに比例するように描画される．棒グラフを描くための geom_bar 関数はデフォルトの統計処理が stat = "count"（カウント・頻度）となっており，x だけ指定すると各カテゴリーの頻度を表す棒グラフが得られる．

```
## 内容領域ごとの項目数（頻度）（図 7.17）
ggplot(iteman21g1, aes(x = content_domain)) + geom_bar()
```

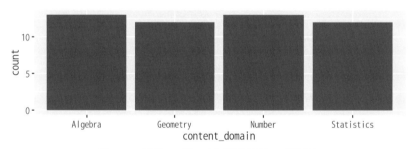

図 7.17　棒グラフ例 1（内容領域ごとの項目数）

　縦軸に頻度ではない値を表示させたい場合には審美的属性 y に指定すればよいが，このときに stat に気を付けなければならない．例えば縦軸に点双列相関係数（pbs）のカテゴリー平均を取りたい場合に aes(x = content_domain, y = pbs) というスクリプトを書いてしまうとエラーとなる．これは統計処理がデフォルトの stat = "count"のままになっており，y を二重に指定することになるためである [6]．

```
## 内容領域ごとの点双列相関係数を棒グラフにしたいが...
ggplot(iteman21g1, aes(x = content_domain, y = pbs)) + geom_bar()   # エラー
```

---

[6]　つまり，stat = "count"のときは x と y のどちらかしか指定することができないということである．

```
## Error in `f()`:
## ! stat_count() can only have an x or y aesthetic.
```

このエラーを修正するには，(1) stat を stat = "summary"に変更する，(2) 事前にデータを要約しておき，stat = "identity"とする，(3) 事前にデータを要約しておき，geom_bar 関数の代わりに geom_col 関数を使う，といった方法が考えられる．stat = "summary"は 1 つの x の値に対して複数の y の値が対応する場合に，それらを要約して 1 つの値にまとめる処理を行う．処理に用いる関数は引数 fun で指定することができる（デフォルトでは mean_se）．また，要約関数に引数を渡したい場合には fun.args という引数にリストを与えればよい（例：fun.args = list(na.rm = TRUE)）．

```
## (1) stat = "summary"を用いる
## 1 つの x に対して複数の y が対応しているので，要約する（平均）（図 7.18）
ggplot(iteman21g1, aes(x = content_domain, y = pbs)) +
  geom_bar(stat = "summary", fun = mean)
```

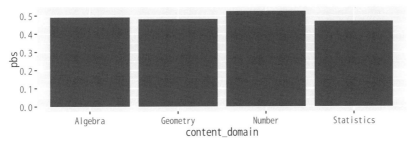

図 **7.18** 棒グラフ例 2（内容領域ごとの平均点双列相関）

stat = "summary"は描画の際に ggplot 内部で統計処理を行うが，同様の処理はユーザーが事前に行うこともできる（下記例の d_gg1 を参照）．この場合，処理済みデータ内の変数を直接 y に割り当てることができる．ただし，geom_bar のようにデフォルトの統計処理が identity でない geom 関数においてデータの値を直接用いるには stat = "identity"のように明示的に stat を上書きしなければならない．また，同様の処理は geom_col 関数 [*7)] を用いることでも可能である（geom_col のデフォルトは stat = "identity"）．

```
## (2) 事前にデータを要約し，stat = "identity"を用いる
d_gg1 <-
  iteman21g1 %>%
  group_by(content_domain) %>%
  summarize(mean_pbs = mean(pbs), .groups = "drop")

## stat = "identity"を使った例（出力は省略）
ggplot(d_gg1, aes(content_domain, mean_pbs)) + geom_bar(stat = "identity")
```

[*7)] col は column（円柱，柱）を表す.

```
## (3) 事前にデータを要約し，geom_col 関数を用いる（デフォルトで stat = "identity"）
## 出力は省略
ggplot(d_gg1, aes(content_domain, mean_pbs)) + geom_col()
```

次に x と y に加えて第 3 の変数（離散変数）の情報を棒グラフに取り入れる方法を見てい
く．次の例では折れ線グラフの例で用いた出題位置に基づく項目グループの情報を棒グラフ
に取り入れる．第 3 の変数の情報を棒グラフに取り入れる方法には大きく「積み上げ棒グラ
フ」にする方法と「群別棒グラフ」にする方法の 2 つの方法がある．

積み上げ棒グラフ（stacked bar chart）を ggplot2 パッケージで作るには geom_bar におい
て審美的属性 fill に grp を，位置調整のための引数 position を stack に設定すればよい．

```
## 出題位置によるグルーピング
## ～10 問目: group 1, 11～40 問目: group 2, 41～50 問目: group 3
d_gg2 <- iteman21g1 %>%
  mutate(grp = case_when(
    order <= 10 ~ "group 1",
    order > 40 ~ "group 3",
    TRUE ~ "group 2"))

## 内容領域ごとの出題位置グループの項目数を積み上げ棒グラフで図示（図 7.19）
## fill と position を設定する
## geom_bar の position のデフォルトは"stack"なので省略可能
## color = "black"で枠線を明確に描画
ggplot(d_gg2, aes(x = content_domain)) +
  geom_bar(aes(fill = grp), color = "black", position = "stack") +
  scale_fill_grey(start = 0, end  = 0.85)  # グレースケールの使用
```

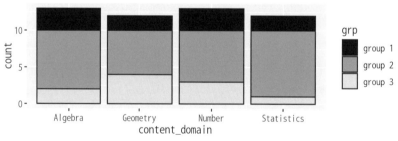

図 **7.19**　棒グラフ例 3（積み上げ棒グラフ）

これの応用として，位置調整を position = "fill"とすると，構成比（パーセンテージ）
を表す積み上げ棒グラフになる．

```
## 構成比（図 7.20）
ggplot(d_gg2, aes(x = content_domain)) +
  geom_bar(aes(fill = grp), color = "black", position = "fill") +
  scale_fill_grey(start = 0, end  = 0.85) +  # グレースケールの使用
  labs(y = "proportion")  # y 軸の名前（ラベル）を proportion（割合）に変更
```

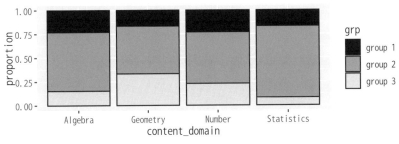

図 **7.20** 棒グラフ例 4（構成比）

なお，棒グラフを横向きにするには，(1) y に離散変数を割り当てる，または (2) coord_flip 関数 *8) を使えばよい．

```
## 構成比の棒グラフ（図 7.21）
## 横向きの棒グラフにするには y に離散変数を指定する
ggplot(d_gg2, aes(y = content_domain)) +
  geom_bar(aes(fill = grp), color = "black", position = "fill") +
  scale_fill_grey(start = 0, end = 0.85) +  # グレースケールの使用
  labs(x = "proportion")  # この場合は x 軸の名前（ラベル）を変更

## coord_flip 関数でも同様の処理が可能
ggplot(d_gg2, aes(x = content_domain)) +  # 審美的マッピングはそのままにして
  coord_flip() +  # 座標系を縦横入れ替える
  geom_bar(aes(fill = grp), color = "black", position = "fill") +
  scale_fill_grey(start = 0, end  = 0.85) +  # グレースケールの使用
  labs(y = "proportion")
```

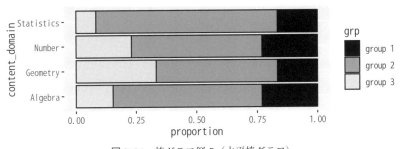

図 **7.21** 棒グラフ例 5（水平棒グラフ）

第 3 の変数を取り入れる 2 つ目の方法は「集合棒グラフ」（clustered bar chart）または「群別棒グラフ」（grouped bar chart）である．ここでは内容領域（cognitive_domain）を x に，点双列相関係数（pbs）を y に割り当てるが，さらに認知領域の各カテゴリー内で認知領域（cognitive_domain）ごとに色の異なるバーを横に並べていく．バーの内部の色を表す審美的属性は積み上げ棒グラフのときと同じく fill をマッピングすればよい．ただし，集合棒グラフにするためには位置調整を position = "dodge"*9) とする．これにより，内容領域（x）

---

*8) coord は coordinate system（座標系）を表す．

*9) dodge は避ける，かわすの意味である．

でグループ化された認知領域（fill）の棒グラフが描画される.

```
## 集合棒グラフ（図 7.22）
## 内容領域のまとまりを維持したまま，認知領域ごとに棒の色を変えて横に並べる
ggplot(iteman21g1, aes(x = content_domain, y = pbs)) +
  geom_bar(aes(fill = cognitive_domain),
           stat = "summary",      # 点双列相関係数の平均を y にとる
           fun = mean,
           color = "black",       # バーの枠線の色
           position = "dodge") +  # fill のカテゴリを横に並べる
  scale_fill_grey(start = 0, end = 0.85)  # グレースケールの使用
```

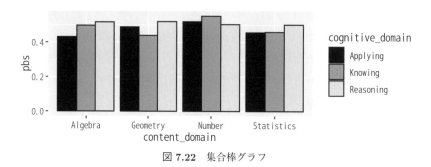

図 7.22 集合棒グラフ

7.2.6 箱 ひ げ 図

　箱ひげ図（box plot または box and whisker plot）は連続変数の分布を簡易的に図示するグラフで，探索的データ分析などでよく用いられる. 通常，横軸にはカテゴリカル変数をとり，縦軸には連続変数をとる. 箱ひげ図はその名が示す通り「箱」と「ひげ」の 2 つの部分からなり，それぞれがデータのパーセンタイル点（percentiles）を表している. 箱の下端と上端はそれぞれ 25 パーセンタイル点と 75 パーセンタイル点を表し，太線は中央値（50 パーセンタイル点）を表している [*10]. したがって箱の長さは四分位範囲（interquartile range; IQR）を表しており，データのばらつきの程度を表す指標の 1 つとして用いられる. ひげの先端は最小値と最大値を表している. ただし，ひげの長さは最大で IQR の 1.5 倍で [*11]，その外側にある観測値は外れ値として個別の点で表現される.

　下記のスクリプト例では認知領域（cognitive_domain）ごとの点双列相関係数（pbs）を箱ひげ図で図示している.

```
## 基本となる箱ひげ図（図 7.23）
## 認知領域（cognitive_domain）ごとの点双列相関係数（pbs）
ggplot(iteman21g1, aes(x = cognitive_domain, y = pbs)) + geom_boxplot()
```

[*10]　これらの点は下から順番に Q1, Q2, Q3 とも呼ばれる.
[*11]　Tukey の方法の場合. ひげを何倍まで伸ばすかは引数 coef で変更可能である.

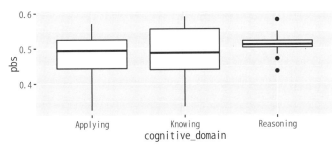

図 **7.23** 箱ひげ図例 1（認知領域ごとの点双列の分布）

```
## width を使って箱の幅を x の間隔の 50%に変更（デフォルトは 90%）（図 7.24）
ggplot(iteman21g1, aes(x = cognitive_domain, y = pbs)) +
  geom_boxplot(width = 0.5)
```

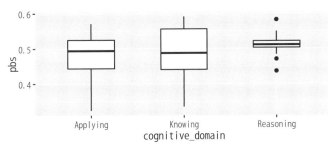

図 **7.24** 箱ひげ図例 2（箱の幅の変更）

　箱ひげ図はときに平均の情報を含むことがある．平均を表す点を箱ひげ図の上に加えるには geom_point(stat = "summary", fun = mean) を geom_boxplot のあとに置く．これにより geom_point 関数が内部で平均を計算し，箱ひげ図の上にプロットしてくれる．

```
## 平均を点として追加（図 7.25）
## geom_point の stat を stat = "summary" に変更することで，x ごとの平均を内部で計算する
ggplot(iteman21g1, aes(x = cognitive_domain, y = pbs)) +
  geom_boxplot(width = 0.5) +
  geom_point(stat = "summary", fun = mean, shape = 3, size = 5, color ="red")
```

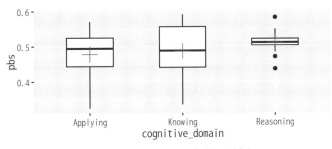

図 **7.25** 箱ひげ図例 3（平均の追加）

　また，平均を表すレイヤーを加える別の方法として stat 関数を用いる方法もある．stat 関数は geom 関数のように layer 関数のラッパーで，stat_YYY という名前になっている（YYY

には統計処理名が入る）．geom 関数が図形オブジェクトを中心にレイヤーを構成しているの
に対し，stat 関数は統計処理を中心にレイヤーを構成する．例えば stat_summary 関数は x
の一意な値ごとに y の要約（平均などの統計量の計算）を行って描画する関数で，引数に geom
を持つ（stat_summary の場合は geom = "pointrange"がデフォルト）．これは geom 関数
が引数に stat を持っているのとちょうど反対の関係になっている．したがって，上のスクリ
プト例で geom_point(stat = "summary") を使って追加したレイヤーは stat_summary 関
数を用いると stat_summary(geom = "point") のように書ける．

```
## stat_summary(geom = "point") は geom_point(stat = "summary") と同じ
## 同じ図になるため，出力は省略
ggplot(iteman21g1, aes(x = cognitive_domain, y = pbs)) +
  geom_boxplot(width = 0.5) +
  # geom_point(stat = "summary", fun = mean, shape = 3, size = 5, color ="red")
  stat_summary(geom = "point", fun = mean, shape = 3, size = 3, color = "red")
```

　　この例のように ggplot2 では複数のレイヤーを重ねて 1 つの図を作っていくため，レイ
ヤーを重ねる順番が問題になる．下記の例では平均付きの箱ひげ図に各観測値を表す乱数付
きの点のレイヤー（geom_jitter）を追加している．最初の例では，各観測値 → 箱ひげ →
平均の順でレイヤーを重ねているため，各観測値が箱ひげ図によって隠れてしまっている．
これを解消するには (1) 箱ひげ → 各観測値の順にスクリプトを書いて各観測値を箱ひげの
前に出す，または (2) geom_boxplot 関数内で透過度を表す審美的属性 alpha を 1 以下の値
に指定し，箱ひげを透過させる，という 2 つの方法が考えられる．

```
## 各観測値を点として重ねて描画する（図 7.26）
## geom_jitter 関数を使って横方向に乱数を加える
## このレイヤー順では geom_jitter が箱ひげに隠されてしまう
set.seed(123)   # 3 つの例で同じ乱数を加えるために都度同じ乱数のシードを設定する
ggplot(iteman21g1, aes(x = cognitive_domain, y = pbs)) +
  geom_jitter(width = 0.15, height = 0, size = 1, color = "black") +
  geom_boxplot(width = 0.5, outlier.shape = NA) +
  geom_point(stat = "summary", fun = mean, shape = 3, size = 5, color = "red")
```

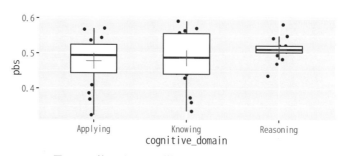

図 7.26　箱ひげ図例 4（箱の背後にデータ点を追加）

```
## レイヤー順を変更して，geom_jitter を箱ひげの前に持ってくる（図 7.27）
set.seed(123)
```

```
ggplot(iteman21g1, aes(x = cognitive_domain, y = pbs)) +
  geom_boxplot(width = 0.5, outlier.shape = NA) +
  geom_jitter(width = 0.15, height = 0, size = 1, color = "black") +
  geom_point(stat = "summary", fun = mean, shape = 3, size = 5, color = "red")
```

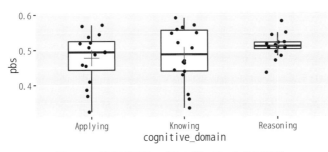

図 **7.27**　箱ひげ図例 5（箱の前にデータ点を追加）

```
## または geom_boxplot で審美的属性 alpha（透過度）を設定し透過させることで
## 箱ひげの背後の点を表示させることができる（図 7.28）
set.seed(123)
ggplot(iteman21g1, aes(x = cognitive_domain, y = pbs)) +
  geom_jitter(width = 0.15, height = 0, size = 1, color = "black") +
  geom_boxplot(width = 0.5, outlier.shape = NA, alpha = 0.8) +  # 2 割透過
  geom_point(stat = "summary", fun = mean, shape = 3, size = 5, color = "red")
```

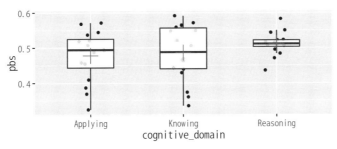

図 **7.28**　箱ひげ図例 6（データ点の追加 + 箱の透過）

7.2.7　文字列（テキスト）

　グラフに文字列を描画するには geom_text 関数や geom_label 関数を用いる（geom_text は
文字列のみ，geom_label は文字列とその周りの枠を描画する）．geom_text 関数や geom_label
関数を使うときは x と y といった位置情報に加えて，描画される文字列を label という審美
的属性で指定する．次の例では平均正答率と点双列相関係数の散布図において，点を描画す
る代わりに出題位置や ID をプロットすることで，各点の識別ができるようにしている．

```
## 散布図の点の代わりに出題位置をプロット（文字列のみ）（図 7.29）
ggplot(iteman21g1, aes(mean, pbs)) +
  geom_text(aes(label = order), size = 4)
```

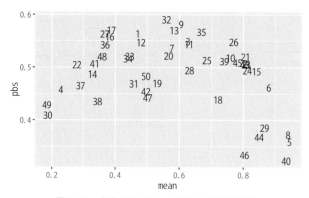

図 **7.29**　文字列のプロット例 1（出題位置）

```
## 散布図の点の代わりに出題位置をプロット（文字列＋枠）（図 7.30）
ggplot(iteman21g1, aes(mean, pbs)) +
  geom_label(aes(label = order), size = 4)
```

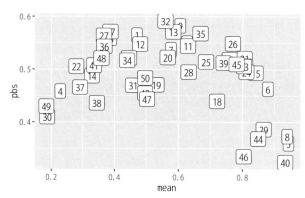

図 **7.30**　文字列のプロット例 1（出題位置）

7.2.8　レイヤーのまとめ

　以上が ggplot2 パッケージを使った基本的なグラフの作り方である．これまでの例を見ればわかるように，ggplot2 パッケージによる作図の中心は，どの図形オブジェクト（geom 関数）がどの審美的属性をどのような名前で持っているかを把握することにある．図形オブジェクトによってはデフォルトの統計処理（stat）や位置調整（position）が恒等（変換なし，identity）になっていないものもあるので注意が必要である．

　表 7.1 は図形オブジェクトごとにデフォルトの stat や position，扱える審美的属性をまとめたものである．表からわかるように，x や y，group や color，size といった審美的属性は多くの geom 関数に共通している．また，例では扱いきれなかった審美的属性や引数なども多く存在している（例えば geom_line の arrow や geom_text の fontface）．これらのすべてを覚えておく必要はなく，必要に応じてヘルプを参照すればよいが，ヘルプを読むには ggplot2 パッケージの基本的な用語や使い方を理解しておく必要がある．本章はその補助になることを目指して書かれている．ここで扱われていない geom 関数や stat 関数は ggplot2

表 **7.1**　geom 関数の統計的変換（stat）既定値，位置調整（position）既定値と主な審
美的属性（aes）

図形	geom	stat	position	aes	その他の引数
点	geom_point	identity	identity	x, y, color, shape, size, stroke	
折れ線	geom_line	identity	identity	x, y, group, color, linetype, linewidth	arrow
棒グラフ	geom_bar	count	stack	x, y, group, fill, color	width
ヒストグラム	geom_histogram	bin	stack	x, fill, color, linewidth	bins, binwidth
箱ひげ	geom_boxplot	boxplot	dodge2	x, group, fill, color, size	outlier.size
文字列	geom_text	identity	identity	x, y, label, size, color, family, fontface	parse, nudge_x

パッケージの公式ページのリファレンス [12] を参照してほしい.

7.3　ス ケ ー ル

　ggplot2 パッケージにおけるスケールはデータ中の変数の値とグラフ中の審美的属性の値の対応関係を調整する仕組みのことを指す（図 7.6 を参照）. 各審美的属性にはデフォルトのスケールが設定されているため，グラフを作る際にスケールの指定をする必要はない. しかしスケールの取り扱いを覚えることにより，より細かなグラフの調整が可能になる.

7.3.1　審美的マッピングの調整

　ggplot2 パッケージは審美的属性ごとに様々なスケール関数を提供している. これらのスケール関数は scale_A_B というルールで名前が付いており，A には調整する審美的属性の名前，B にはスケールの名前（調整方法やパレット（palette）の名前）が入る. 例えば color のデフォルトのスケール関数は scale_color_hue であるが，これは審美的属性 color のマッピングを hue というパレット [13] を使って設定するという意味になる. 各審美的属性のデフォルトのスケール関数が決まっており，例えば

```
ggplot(iteman21g1, aes(x = content_domain, y = mean)) +
  geom_col(aes(fill = cognitive_domain), position = "dodge")
```

というスクリプトは

```
ggplot(iteman21g1, aes(x = content_domain, y = mean)) +
  geom_col(aes(fill = cognitive_domain),
          position = "dodge") +
  scale_x_discrete() +    # x（離散変数）のデフォルトスケール関数
  scale_y_continuous() +  # y（連続変数）のデフォルトスケール関数
  scale_fill_hue()        # fill（離散変数）のデフォルトスケール関数
```

と等しい. 審美的属性 color に使えるスケール関数には他にも scale_color_brewer や scale_color_grey, scale_color_viridis_d などがあるが，これらのスケール関数は離散変数のためのもので（cognitive_domain はカテゴリカル変数であることに注意），連続変

---
[12]　https://ggplot2.tidyverse.org/reference/
[13]　正確には scales::hue_pal.

数の場合には連続変数用のスケール関数を用いる（例えば, scale_color_gradient や scale_color_distiller, scale_color_viridis_c など）. いずれの場合も, デフォルトのスケール関数を変更する場合には geom 関数や stat 関数のように「+」でスクリプトをつなげばよい. 下記の例ではデフォルトの scale_fill_hue の代わりに scale_fill_brewer を用いて棒グラフの色（審美的属性 fill）を変えている.

```
## 棒グラフの配色をパレットを使って変更（図 7.31）
ggplot(iteman21g1, aes(x = content_domain, y = mean)) +
  geom_col(aes(fill = cognitive_domain),
           position = "dodge") +
  scale_fill_brewer(palette = "RdYlBu")   # 赤・黄色・青
```

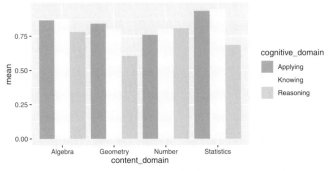

図 7.31　スケールの変更例 1（既存のスケールの利用）

また, scale_fill_manual や scale_linetype_manual などを用いることで, スケールの詳細を自分で指定することができる. 次の例では scale_fill_manual を使って, 認知領域ごとの色を Applying = ピンク, Knowing = 赤, Reasoning = オレンジと指定している.

```
## 棒グラフの配色を自分で指定して変更（図 7.32）
ggplot(iteman21g1, aes(x = content_domain, y = mean)) +
  geom_col(aes(fill = cognitive_domain),
           position = "dodge") +
# scale_fill_manual(values = c(Knowing = "red",
#                              Applying = "pink",
#                              Reasoning = "orange"))   # 名前による指定も可
  scale_fill_manual(values = c("pink", "red", "orange"))   # 順番による指定
```

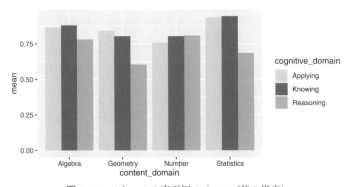

図 7.32　スケールの変更例 2（マップ値の指定）

7.3.2 ガイド（軸・凡例）

　スケール関数の引数には各スケールに共通のものと固有のものがある．共通の引数は主に
ガイド（軸（axis）と凡例（legend））の調整を行うために用いられ，固有の引数はスケールの
調整に用いられることが多い．共通引数の例としては，name（凡例/軸のタイトル），breaks
（凡例中の値，軸の区切り値），label（breaks に対応する表示値），limits（グラフに含ま
せるデータの範囲の指定），expand（軸/表示範囲の拡張・縮小）などがある．以下ではこれ
らの共通引数を使った凡例と軸の調整の例を2つ示す．

```
## 例 1: 凡例の調整 (図 7.33)
## name: 凡例のタイトル
## breaks: 表示させる値
## labels: 凡例内での表示名
ggplot(iteman21g1, aes(x = mean, y = pbs)) +
  geom_point(aes(color = content_domain), size = 2) +
  scale_color_hue(name = "Content Domain",
              breaks = c("Statistics","Number", "Geometry", "Algebra"),
              labels = c("S", "N", "G", "A"))
```

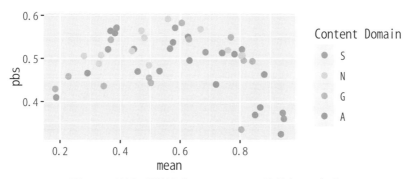

図 **7.33**　凡例の調整例（scale_color_hue 関数内での変更）

```
## 例 2: 軸の調整 (図 7.34)
## y 軸の表示範囲を調整
## limits: データ範囲の制限 (下限 0, 上限なし)
## breaks: y 軸の目盛り ([0, 1] で 0.1 刻み, 表示範囲ではない)
## expand: 表示範囲の拡大・縮小 (下側は余白なし, 上側は 10%の余白)
ggplot(iteman21g1, aes(x = content_domain, y = pbs)) +
  geom_col(aes(fill = cognitive_domain), position = "dodge") +
  scale_y_continuous(limits = c(0, NA),
                  breaks = seq(0, 1, 0.1),
                  expand = expansion(mult = c(0, 0.1)))
```

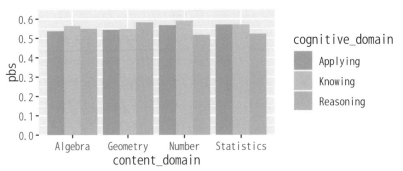

図 **7.34**　軸の設定例（scale_y_continuous 関数内での変更）

7.4　ファセット

　ファセット（facet）とは面や相という意味の単語だが，データ可視化（data visualization; data viz）におけるファセット化（facetting）とは，同じフォーマットのグラフをグループごとに多数描画する手法（small multiples）を意味する．ggplot2 パッケージには 2 つのファセット化関数が用意されている．1 つはサブグラフを領域内に順番に並べる facet_wrap，もう 1 つは行と列にそれぞれ変数を割り当て，格子状にサブグラフを配置する facet_grid である．

　facet_wrap は指定した変数が持つ一意な値ごとにサブグラフを構成し，サブグラフを順番に一列（一行）に並べていく．下記の例では facet_wrap 関数の設定例を紹介している．

```
## facet_wrap の例（棒グラフ）（図 7.35）
## 例 1: 1 行 × 4 列で表示
ggplot(iteman21g1, aes(x = cognitive_domain, y = pbs)) +
  facet_wrap(facets = "content_domain", nrow = 1) +
  geom_bar(stat = "summary", fun = mean)
```

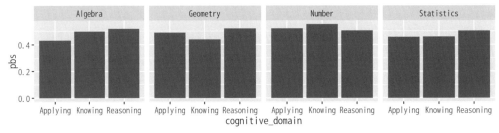

図 **7.35**　ファセットによるサブプロットの作成例 1（facet_wrap 関数）

```
## 例 2: ファセット化する変数を式（formula）で指定することも可能（図 7.36）
## 複数変数の指定も可能
## scales: ファセットをまたいだ軸の設定（fixed, free_x, free_y, free）
## labeller: ファセットのタイトルを決める関数を指定
ggplot(iteman21g1, aes(x = key, y = pbs)) +
  facet_wrap(~ content_domain + cognitive_domain,
```

```
              nrow = 3, ncol = 4,   # 3行 x 4列で表示
              scales = "free",   # サブグラフごとに軸の表示範囲を調整
              labeller = label_both) +   # 「変数: 値」の形式
  geom_bar(stat = "summary", fun = mean) +
  theme(strip.text = element_text(size = 8))   # ファセットのタイトル文字の調整
```

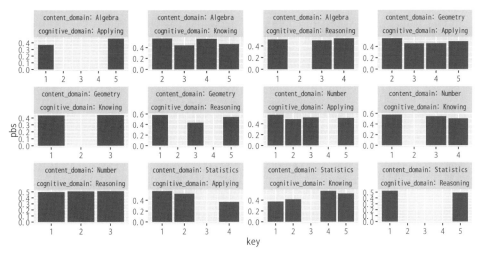

図 **7.36** ファセットによるサブプロットの作成例 2（式によるファセットの指定）

　ファセット化する変数は引数 facets で指定する．ファセット化変数の指定は文字列ベクトルで行うか（例 1，facet = "content_domain"），式で行う（例 2，~ content_domain + cognitive_domain）．ファセット化変数は複数指定することも可能で，この場合は各変数の一意な値の組み合わせごとにサブグラフが作られる．基本的にファセット化変数には離散変数（カテゴリカル変数）を指定するが，連続変数を指定することも可能であり，この場合には一意な値ごとにサブグラフが作られる．

　もう 1 つのファセット化関数である facet_grid は，その名が示す通り，格子状（grid）にサブグラフを配置する．このとき各サブグラフは行と列に割り当てた変数（複数可）の値の一意な組み合わせに対して作られる（下記スクリプト参照）．

```
## facet_grid の例（散布図）（図 7.37）
ggplot(iteman21g1, aes(x = mean, y = pbs)) +
  facet_grid(cognitive_domain ~ content_domain) +   # 行 ~ 列（3行 x 4列）
  geom_point()
```

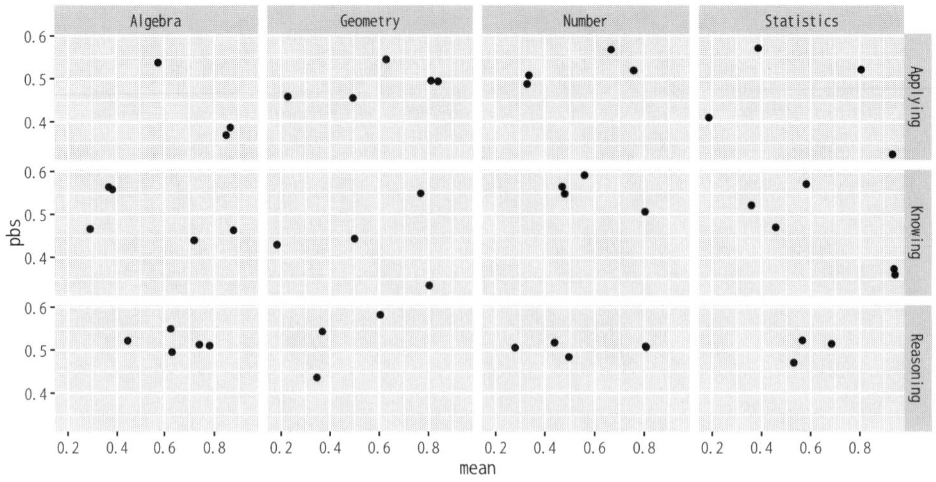

図 7.37　ファセットによるサブプロットの作成例 3（facet_grid 関数）

7.5 その他の要素

7.5.1 タイトル・注釈（アノテーション）

グラフにタイトルを追加する場合には labs 関数または ggtitle 関数を用いる．また，注釈などの微調整を加える際には annotate 関数を使う．

```
## labs 関数を使ったタイトルの追加例（図 7.38）
ggplot(iteman21g1, aes(mean, pbs)) +
  geom_point() +
  labs(title = "Mean vs Point-Biserial")

## ggtitle 関数を使ったタイトルの追加例（図 7.38）
ggplot(iteman21g1, aes(mean, pbs)) +
  geom_point() +
  ggtitle(label = "Mean vs Point-Biserial")
```

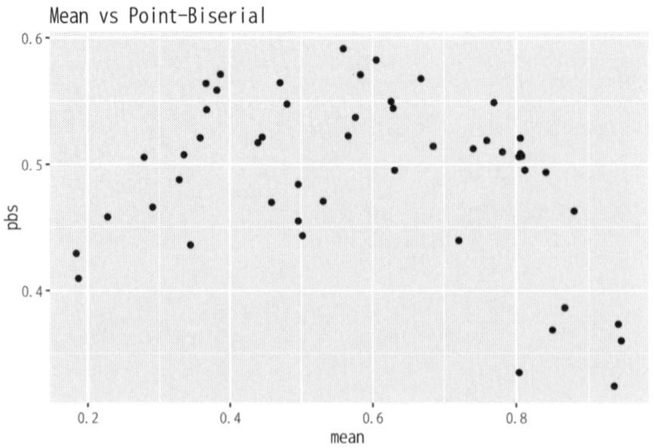

図 7.38　タイトルの設定例

annotate 関数は ggplot 関数の設定（データや審美的マッピング）を継承（inherent）せず，必要な審美的属性を annotate 関数内で直接ベクトルとして指定する．以下の例では軸名の詳細を注釈としてグラフ内に追加している．

```
## annotate 関数を使って注釈を追加（図 7.39）
## データや審美的属性は ggplot から継承しない
ggplot(iteman21g1, aes(mean, pbs)) +
  geom_point() +
  annotate(geom = "text", x = 0.2, y = 0.325,
           label = "* mean = item mean",
           hjust = "left") +  # horizontal justification（水平方向の位置揃え）
  annotate(geom = "text", x = 0.2, y = 0.3,
           label = "* pbs = point-biserial correlation",
           hjust = "left")
```

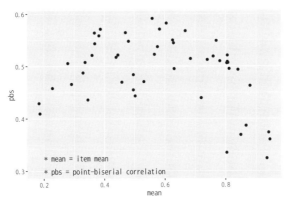

図 7.39　注釈（アノテーション）の追加例

7.5.2　テ　　ー　　マ

ggplot2 におけるテーマ（theme）とは，データや審美的マッピング，スケールに直接関連しないグラフ要素のことで，グラフのタイトル（title）や背景（background），フォント（font）や軸の目盛り（tick），ファセットのテキスト（strip）などのことを指す．これらの要素はすべて theme 関数内で設定を行うが，設定対象によって使うべき関数が違ってくることに注意が必要だ．例えばタイトルや軸ラベルのような文字列のフォント・色などを設定するには element_text 関数を用いる．一方で背景の設定を変更するには element_rect 関数（rectangle；長方形・矩形の意），軸などの設定を行うには element_line 関数を用いる．

```
## theme の設定例（図 7.40）
## plot.title: タイトル
## panel.grid.major: グラフの背景の格子（主目盛り）
## panel.grid.minor: グラフの背景の格子（副目盛り）
## strip.background: ファセットのタイトル部分の背景
## legend.position: 凡例の位置
gg <-
```

```
ggplot(iteman21g1,
       aes(x = mean, y = pbs,
           color = cognitive_domain,
           shape = cognitive_domain)) +
  facet_wrap(~ content_domain, scales = "free") +
  geom_point(size = 3) +
  scale_x_continuous(limits = c(0, 1)) +
  scale_y_continuous(limits = c(0.3, 0.6)) +
  labs(title = "Mean vs Point-Biserial")

gg +
  theme(plot.title = element_text(color = "red3", size = 18, hjust = 0.5),
        panel.grid.major = element_line(color = "blue", size = 0.1),
        panel.grid.minor.y = element_blank(),
        strip.background = element_rect(fill = "white"),
        legend.position = "top")
```

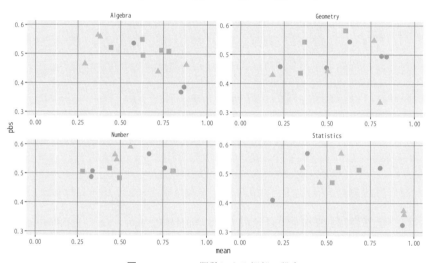

図 **7.40** theme 関数による細部の設定

　このように theme 関数を使うことでグラフのかなり詳細な部分まで設定することができる．また，ggplot2 は複数のテーマのプリセット [*14] を提供しており，これらのプリセットを使うことで手軽にグラフのデザインを変更することも可能である．以下のスクリプト例では ggplot2 で提供されているプリセットと ggthemes パッケージにて提供されている追加のテーマを 1 つずつ紹介している．

[*14]　英語では complete theme と言う．

```
## プリセットされたテーマ（complete theme）の例（図 7.41）
## ggplot2 パッケージ内のテーマ
gg + theme_minimal()  # 最小限のテーマ
```

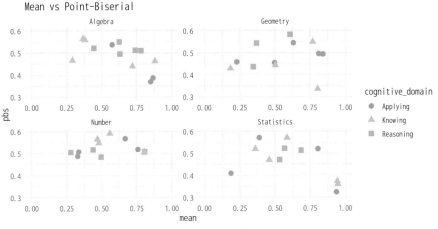

図 7.41 プリセットテーマの例（theme_minimal）

```
## ggthemes パッケージ内のテーマ（図 7.42）
library("ggthemes")
gg + theme_wsj()  # Wall Street Journal 風のテーマ
```

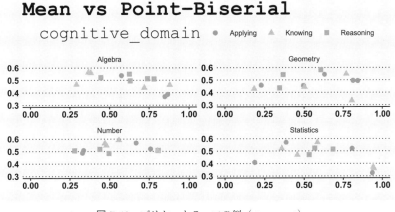

図 7.42 プリセットテーマの例（theme_wsj）

7.5.3 ggplot2 関連パッケージ

　ggplot2 は拡張性に富んだグラフィックシステムで，必要であればオリジナルの geom 関数や stat 関数を作ることもできる．この柔軟性を活かして，多くの拡張パッケージが世界中の ggplot2 ユーザーによって提供されている [15]．ここではそれらの中から GGally パッ

---

[15]　これらの拡張パッケージについては https://exts.ggplot2.tidyverse.org/gallery/ を参照せよ．

ケージに含まれている ggpairs 関数と ggExtra パッケージに含まれている ggMarginal 関数を紹介する.

　データ解析の序盤には変数間の関係を探索的に調べることがよくあるが，その際にすべての変数の組み合わせについて散布図を描き，それらを行列状に配置することがある．このテクニック（グラフ）は散布図行列（scatter plot matrix），あるいは行列プロット（matrix plot）と呼ばれる．散布図行列は base パッケージの plot 関数や psych パッケージの pairs.panel 関数を使うことで比較的簡単に作成できるが，ggplot2 で作成するのは意外に難しい．グラフを作成して情報を提示する，データを可視化するという目的からすると ggplot2 にこだわる必要はないが，報告書などでグラフのデザインを統一した方が良い場合などもある．こういった場合に GGally パッケージの ggpairs 関数が非常に便利である．使用法は簡単で，散布図行列に含めたい変数を持つデータフレーム（ワイド型）を ggpairs 関数に渡すだけである．

```
## GGally::ggpairs による散布図行列の作成例（図 7.43）
library("GGally")

## 離散変数 × 連続変数の場合は箱ひげ図, ないしはカテゴリごとのヒストグラム
## デフォルトの対角要素には密度推定（連続変数）や棒グラフ（離散変数）が入る
iteman21g1 %>%
  select(key:cognitive_domain, mean, pbs, alpha_drop) %>%
  ggpairs()
```

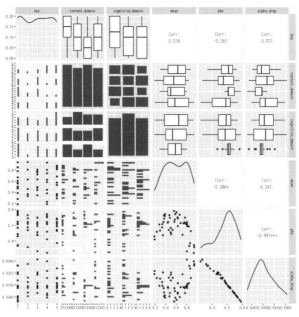

図 7.43　散布図行列の例（GGally パッケージの ggpairs 関数）

　同じく探索的なデータ解析において，散布図に対して各変数のヒストグラムや密度推定といった周辺分布（marginal distribution）に関する情報を追加したい場合などがある．こう

いった場合に便利なのが ggExtra パッケージの ggMarginal 関数である．ggMarginal 関数の使い方も非常に簡単で，周辺分布を追加したい散布図をオブジェクトとして用意し，それを ggMarginal 関数に渡すだけでよい．

```
## ggExtra::ggMarginal による周辺分布つきの散布図作成例（図 7.44）
library("ggExtra")

## 周辺分布の追加（密度・ヒストグラム・箱ひげ図・バイオリンプロットから選択）
gg <- ggplot(iteman21g1, aes(mean, pbs)) + geom_point()  # 先に散布図を用意する
ggMarginal(gg, type = "densigram")  # densigram = density + histogram
```

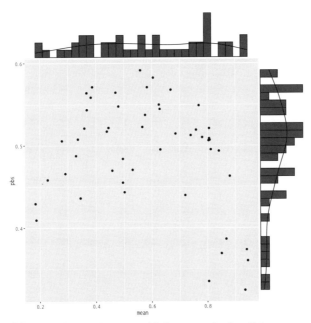

図 7.44　散布図 + 周辺ヒストグラムの例（ggExtra パッケージの ggMarginal 関数）

7.6　章のまとめ

　本章では tidyverse のコアパッケージの 1 つである ggplot2 パッケージを利用したグラフ作成法を解説した．本章で説明したように，ggplot2 はデータ（変数・値）とグラフ（審美的属性・値）を対応付けること（審美的マッピング）を基礎とした一貫性の高いグラフ作成システムである．この高い一貫性は学習コストを大きく減らすことにつながり，一度そのルールを理解すれば本章で扱いきれなかった図形オブジェクトや各要素の調整もスムーズに理解することができるだろう．

8

R Markdown によるレポート作成

本章では R Markdown を使った分析レポートの作成方法を解説する．テストやアセスメントの結果は図や表を含む文書やプレゼンテーションによって受検者や関係者に共有・報告することが多い．R Markdown はこれらのすべて（データ解析，文書作成，共有・報告）を R によって統一的に行うための仕組みである．R Markdown を使うとデータ解析の手順や文書執筆のすべてを 1 つのファイルにまとめることができ，分析の透明性や再現性を高めることができる．

8.1　R Markdown とは

R Markdown は R のスクリプトやその実行結果，分析に関する文章を 1 つのファイルの中で完結させることができる仕組みで，RStudio によって標準的に提供されている機能の 1 つである．その名前からわかるように markdown という軽量マークアップ言語[*1)]の記法を用いて文章やコードを R Markdown ファイル（.Rmd）に書き，それを `knitr` パッケージによって markdown ファイル（.md）に変換，さらに pandoc というプログラムによって markdown ファイルを HTML ファイル（.html）や PDF ファイル（.pdf），Microsoft Word ファイル（.docx）といった最終的な出力ファイルに変換する（図 8.1）．

R Markdown を使うとデータ解析の過程と結果を文章中に埋め込むことができるため，データ解析の透明性と再現性を高めることができる．また，出力ファイルを生成するたびにスクリプトが実行されるので，データを差し替えたりスクリプトを修正した場合でも出力ファイルの該当箇所が自動的に更新され，変更の反映漏れがなくなるというメリットも存在する．

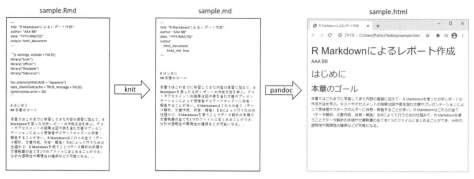

図 8.1　R Markdown の流れ

[*1)]　タグで文章の一部を囲んで組版に関する命令を記述する言語のこと．「軽量」は「入力が簡単にできる」という意味で，HTML や XML よりも markdown のシンタックスが簡素であることを意味する．

さらに実行結果の自動更新というメリットを活かして，同じフォーマットのレポートを複数のデータソースに対して自動的に生成することもできる．例えばテストの受検者に返却する成績表（個別帳票）や，クラスや学校ごとに結果をまとめたレポートを自動生成することが可能になる [*2)]．

8.2　R Markdown の書き方

8.2.1　What You See Is What You Mean

R Markdown を使うにあたって「R Markdown ファイルの見た目と出力されたファイルの見た目は一致しない」ということを最初に知っておかなければならない．Microsoft Word をはじめとして，現在では多くアプリケーションで画面上での表示が印刷結果と一致するように執筆・編集ができるようになっている．例えば画面上で文字のサイズを大きくすれば，その部分の印刷物上でも大きく表示されるし，画面上で改行を挿入すれば印刷される文書にも改行が入る．このように入力したものが最終的な出力と同じ形で表示されるようなアプリケーションのことを指して What You See Is What You Get (WYSIWYG) という．

一方で R Markdown では文書の見た目の変更（例：フォントの変更やボールド体・斜体への変更，改行の挿入，ページサイズの変更など）が画面上（エディタ画面）に直接反映されることはない．そのため，変更を確認するには HTML や PDF などの出力ファイルをその都度更新する必要がある．また，見た目の変更にコマンドやスクリプトを用いる点も Word などとは異なっている．例えば R Mmarkdown で文字をボールド体（太字）にするにはボールド体にしたい語句を**（アスタリスク2つ）ではさむ（例：これは**太字**です）．また，R Markdown ファイル上で単に改行しても出力ファイル上では改行されない．改行をするには空白行を挿入する必要がある．そのほかページ幅の指定やフォントの設定などは文章中で行うのではなく，R Markdown ファイルの先頭に書く「YAML ヘッダー」と呼ばれる部分に記載する．このように見た目に関する部分と文章（内容）に関する部分を分けて入力する仕組みのことを指して What You See Is What You Mean (WYSIWYM) という．R Markdown における文書の執筆は WYSIWYM となっており，今日広く使われているアプリケーションとは大きくスタイルが異なるので慣れないうちは注意が必要である [*3)]．

8.2.2　R Markdown ファイルの準備

R Markdown ファイル（Rmd ファイル）を作成するにはメニューから File→New File→R Markdown と選択するか，一番左上にあるアイコン（白い四角に＋マーク）をクリックして R Markdown を選べばよい（図 8.2）[*4)]．その後，図 8.3 のような基本設定を行うパネルが出て

[*2)]　MS Word でいうところの差し込み印刷機能に相当する．

[*3)]　RStudio バージョン 1.4.0 からは Visual R Markdown というモードが利用可能になり，より WYSI-WYG に近い形での編集が可能になっている．Visual R Markdown には多彩な執筆補助機能が用意されていたり，引用文献管理ソフト Zotero の統合などが可能になっているが，本章では Visual R Markdown は用いず，R Markdown/markdown の基本を解説する．

[*4)]　R Markdown を書くのに必要なパッケージがインストールされていない場合は，この段階で RStudio がそれらをインストールするよう提案してくるので，指示に従って関連パッケージをインストールしておくこと．

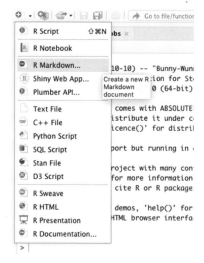

図 **8.2**　R Markdown ファイルの作り方 (1)

図 **8.3**　R Markdown ファイルの作り方 (2)

くるので，パネル左側の Document を選択し（デフォルトで選択されている），その右側にある Title に文書の表題，Author に著者名を入力する．その下にある Default Output Format では出力ファイルの形式を HTML（.html），PDF（.pdf），MS Word（.docx）から選ぶことができるが，ここでは HTML を選択し，最後にパネル右下の OK をクリックする．すると図 8.4 のような Rmd ファイルが RStudio 上で作られて画面に表示されるので，これを一旦名前を付けて保存しておこう．

8.2.3　knit

　前項で作られた Rmd ファイルには R Markdown の基本的な機能の使用例がそのままレンダリングできる状態で記載されているので，このファイルをそのまま knit（ニット）して出力ファイルを得ることができる（ここでは HTML ファイル）．Rmd ファイルを knit するには画面上部のファイル名が表示されている部分の下にある「Knit」と書かれたボタン（knit =

図 **8.4** R Markdown ファイルの作り方 (3)

図 **8.5** R Markdown ファイルの knit（画面下半分の R Markdown タブに進行状況が表示される）

編み物を連想するようなアイコン）をクリックするか，ショートカットキー（Control ＋ Shift ＋ K）を用いる．knit が実行されると RStudio に新たに「R Markdown」というタブが作られ，knit の進行状況が表示される（図 8.5 の下半分が R Markdown タブ）．knit が終わると出

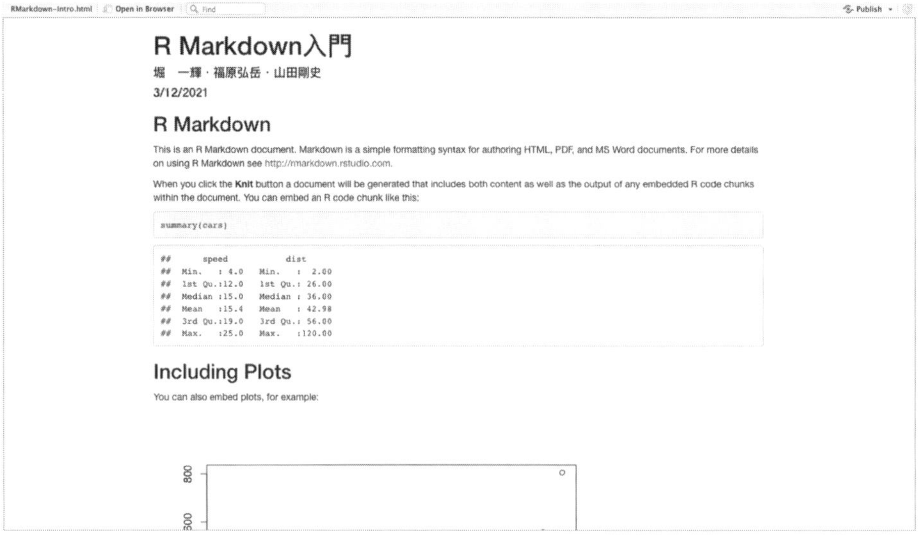

図 8.6　knit 後の出力ファイル（HTML）

力された HTML ファイルが別ウィンドウで表示される（図 8.6）．出力された HTML と元の
Rmd ファイルを見比べると，Rmd に書いてあることがすべてそのまま HTML ファイルに
出力されているわけではないことがわかる（例：`knitr::opts_chunk$set(echo = TRUE)`）．
逆に Rmd ファイルに記述していないものが HTML ファイル中にあることもわかる．例え
ば HTML ファイル中では `summary(cars)` の下に実行結果が記載されているのに対し，Rmd
ファイルにはこの実行結果は書かれていない．このように R Markdown では書いた文章は出
力と完全には一致しない（つまり WYSIWYM である）．

8.2.4　YAML ヘッダー

　Rmd ファイルは大きく分けて 3 つのパーツから成り立っている．この 3 つのパーツとは
(1) YAML ヘッダー，(2) コードチャンク，そして (3) markdown テキストである．ここで
はまず Rmd ファイルのはじめに書かれる YAML ヘッダーについて説明を行う．
　YAML ヘッダーは通常 Rmd ファイルの先頭に配置される---（半角ハイフン 3 つ）で上下
をはさまれた部分のことで，ここに文書全体の設定などを記述する．YAML ヘッダーの記法
は R でいうリストオブジェクトのように「名前: 値」の組み合わせを階層的に指定していく
形式になっている．例えば先ほど新規作成時に RStudio が自動的に作った Rmd ファイルで
は，`title`（タイトル）・`author`（著者）・`date`（日時）・`output`（出力形式）という名前を持つ
4 つの要素が同じ階層（第 1 階層）に指定されており，それぞれ `title`: R Markdown 入門，
`author`: 堀　一輝・福原弘岳・山田剛史，`date`: 3/12/2021，`output`: html_document と
値を指定している [*5]．階層を 1 つ下げるにはコロン（:）の後で改行を入力し，半角スペース
を用いてインデント（字下げ）をする（タブでのインデントはエラーになるので注意が必要で
ある）．例えば目次（table of contents; TOC）を文書の最初に入れるには，`html_document`
の下に `toc` という要素を作り，その値を `true` に設定する（`toc: true`）．同様に，R で生成
する画像のデフォルトサイズを指定するには `fig_width`（幅）と `fig_height`（高さ）を `toc`

[*5]　これらの情報は RStudio を用いて Rmd ファイルを作った際に入力したものである．

と同じ階層に作り，それぞれサイズをインチで指定する（下記の YAML ヘッダー例を参照せよ）．

```
---
title: "R Markdown 入門"
author: "堀　一輝・福原弘岳・山田剛史"
date: "3/12/2021"
output:
  html_document:
    toc: true        # 目次（table of contents）を追加
    fig_width: 6  # デフォルトの画像の幅（インチ）
    fig_height: 4 # デフォルトの画像の高さ（インチ）
---
```

8.2.5　コードチャンク

　R Markdown では R のスクリプトとその実行結果を一緒に文書内に表示することができる．RStudio が作成した Rmd ファイルの例では cars という組み込みのサンプルデータに summary 関数を適用し，その結果をスクリプトとともに表示している．R のスクリプトを実行可能な形で文書内に書くにはコードチャンク[6]というスクリプトを書くためのまとまりを作る方法と，インラインコードを文章中に埋め込むという方法がある．

　コードチャンクは R のスクリプトを ```` ```{r} ```` と ```` ``` ```` ではさむように書く[7, 8]．

```
```{r}
## コードチャンクの例
hist(rnorm(1000))
```
```

このチャンクは文書ファイル内では次のようにコードの実行結果と並べて表示される．

```
## コードチャンクの例
hist(rnorm(1000))
```

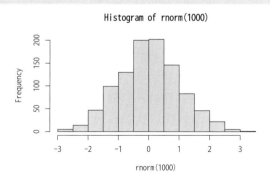

---

[6]　code chunk. chunk は「まとまり」「塊」の意．
[7]　「`」はバッククォート（backquote）である．シングルクォート「'」やバックスラッシュ「\」と似ているが，異なる記号なので注意してほしい．
[8]　コードチャンクはキーボードショートカット（Control ＋ Alt ＋ I）でも挿入できる．

この例からわかるように文書内に出力されるコードチャンクにはチャンクであることを示す ```{r} と ``` が表示されておらず，その間の部分が新しい段落として表示されている．そしてその下にはチャンク内に書かれたスクリプト hist(rnorm(1000)) の実行結果が表示されている（この例の場合は正規乱数 1000 個のヒストグラム）．このようにコードチャンクを使うとスクリプトとその実行結果がともに文書内に表示されるので，どのようなスクリプトがその結果を生み出しているのかが明確に記録されることになり，データ解析の一貫性や透明性を高めることができる．

8.2.6 チャンクオプション

コードチャンクの出力結果の調整は主にチャンクオプションで行うことになる．チャンクオプションはチャンクの始まりを表す ```{r} の r のあとにカンマを打ち，そのあとに「オプション名 = 設定値」と書いて設定していく．例えば，上記の例のように R を使って画像生成するときに，出力位置を中心揃えにしたい場合には fig.align オプションを center に設定する．また，図に見出し（キャプション）を付けるには fig.cap オプションを用いる．次の例では正規乱数のヒストグラムを表示するスクリプトにこれら 2 つのチャンクオプションを追加したものである（ヒストグラムは図 8.7 として表示されている）．

```
```{r, fig.align = "center", fig.cap = "正規乱数のヒストグラム"}
## コードチャンクの例
hist(rnorm(1000))
```
```

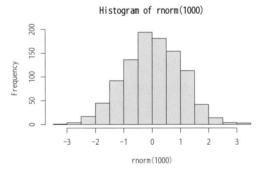

図 8.7　正規乱数のヒストグラム

上記の方法はコードチャンクごとにオプションを設定する方法であるが，すべてのチャンクに適用するグローバルオプションの設定は knitr パッケージの opts_chunk 関数を用いて行う．例えば，すべてのチャンクで R のコードを表示させずに結果だけを表示したい場合には，Rmd ファイルの最初に次のようなチャンクを入れておくとよい．

```
```{r, include = FALSE}
library("knitr")
```
```

```
    opts_chunk$set(echo = FALSE)
    ```
```

この例では include オプションを FALSE に設定しているため，チャンク内のコードと実行結果は生成された文書内には表示されない．ただし R のコードは実行されるため，opts_chunk$set 関数によって echo オプションのデフォルト値が FALSE に設定される（スクリプトが文書中に表示されなくなる）．

最後に主なチャンクオプションをまとめたものを紹介しておこう．表 8.1 ではよく用いるチャンクオプションを設定値例，設定内容の簡単な説明とともにまとめている．この他にも多くのチャンクオプションが存在するが，詳細は knitr パッケージの開発者 Yihui Xie 氏のホームページ [*9] を参照のこと．

表 8.1 主なチャンクオプション

| チャンクオプション | 設定値例 | 設定内容 |
|---|---|---|
| echo | TRUE/FALSE | R のコードを文書内に表示させるかどうか |
| eval | TRUE/FALSE | R のコードを評価（実行）するかどうか |
| include | TRUE/FALSE | R のコードと実行結果を表示させるかどうか |
| cache | TRUE/FALSE | 実行結果をキャッシュとして保存するかどうか |
| warning | TRUE/FALSE | 実行結果に関する警告を表示させるかどうか |
| fig.width | 8 | チャンクで生成された画像の幅（インチ） |
| fig.height | 6 | チャンクで生成された画像の高さ（インチ） |
| out.width | 0.95\textwidth | 出力ファイル中での画像の幅 |
| out.height | 4in | 出力ファイル中での画像の高さ |

**8.2.7** インラインコード

インラインコードは R の実行結果を文章中に埋め込むもう 1 つの方法で，実行結果のみを文章の途中に表示させる方法である．例えば項目分析の結果を報告するときに正答率の平均を数値として書きたい場合を考えよう．次のコードチャンクでは項目分析の結果を読み込んで x として保存し，正答率の平均を表示させている．

```
x <- read.csv("item_analysis_result_2021_grade1.csv")
mean(x$mean)
```

```
## [1] 0.5871
```

この平均の数値を文章内で表示させるには，平均値を表示させたい場所で「`r mean(x$mean)`」のように「`r」と「`」の間に R のスクリプトをはさめばよい．実際にこれを文章中で行うと次の例のようになる．

[*9] https://yihui.org/knitr/options/
```

[**Rmd** ファイル内]

```
2021 年度 1 年生の項目平均の平均は `r mean(x$mean)` である．
```

[**HTML** ファイル内]

```
2021 年度 1 年生の項目平均の平均は 0.5871 である．
```

　もちろん，平均値 0.5871 を直接数字として文章中に書いたとしても，文章の見た目は結果的に同じになる．このことからコードチャンクやインラインコードを使うメリットを感じられない人が読者の中にもいるだろう．コードチャンクやインラインコード，ひいては R Markdown を使う最大のメリットは，チャンク内のスクリプトやインラインコードが文書を生成するたびに評価され，結果が更新されることにある．これは上記の例で言うと，項目分析の結果が何らかの事情で更新された場合に，文章内の正答率の平均値（0.5871）が文書の再生成にともなって自動的に更新されることを意味する．一方で数値を直接文章に記載している場合は，データに更新があるたびに手動で解析結果を更新しなければならない．この意味でコードチャンクやインラインコードはレポート作成の効率や正確性を大きく改善することができる．

　また，コードチャンクやインラインコードを使うことによって，データ（数値）を差し替えながら同じ文書を大量に作成することも可能になる．これは受検者や各クラス，各学校にテストの結果をフィードバックする場合や，受検者やクラス，学校ごとに異なる情報（受検番号や受検会場など）を配布するような場合に大変便利な機能である．別の言い方をすれば，コードチャンクやインラインコードは Microsoft Word でいうところの「差し込み印刷」に相当する機能を提供していることになる．

8.3　markdown 記法

　ここまでは R のスクリプトを文書中に取り込む方法を説明してきた．このセクションでは R Markdown における文章の書き方や書式設定に関わる markdown 記法を説明する．

8.3.1　段落の作り方

　markdown 記法では単一の改行はスペースとみなされ，同じ段落に配置される．例えば R Markdown 上で

[**Rmd** ファイル内]

```
この文は R Markdown 上では改行していますが，
文書中では改行されずに表示されます．
```

と書いたとしても，文書上では次のように表記される．

[**HTML ファイル内**]

> この文は R Markdown 上では改行していますが，文書中では改行されずに表示されます．

このため，段落を新たに始めたい場合には空白行をはさむか，連続した半角スペースを 2 つ以上文末に付ける必要がある [*10)].

[**Rmd ファイル内**]

> R Markdown 上では空白行をはさむことによって
>
> 新たに段落を始めることができます．

[**HTML ファイル内**]

> R Markdown 上では空白行をはさむことによって
> 新たに段落を始めることができます．

8.3.2 インラインフォーマット

　文章内で太字（ボールド体）や斜体（イタリック体）などで語句を強調したり，上付き文字や下付き文字などの装飾文字を用いるには，それぞれ対応する記号で語句をはさむ（これをマークアップするという）．例えば太字にするには，太字にしたい語句を連続した半角アスタリスク「*」ではさむ（例: **太字**）．また，斜体にするには単一の半角アスタリスク「*」，または半角アンダーライン（アンダースコア）「_」で語句をはさみこむ．この他の主なインラインフォーマットは表 8.2 にまとめている．

表 8.2　インラインフォーマット一覧

種類	シンタックス例	結果
種類	シンタックス例	結果
ボールド体	**ボールド体（bold face）**	ボールド体（**bold face**）
イタリック体	*イタリック体（italic face）*	*イタリック体（italic face）*
	イタリック体（italic face）	*イタリック体（italic face）*
上付き文字	1 坪は 3.31m^2^	1 坪は $3.31\mathrm{m}^2$
下付き文字	H~2~O は水のこと	H_2O は水のこと
ハイパーリンク	[RStudio](https://www.rstudio.com/)	RStudio
脚注	ここは^[これは脚注です] 本文	ここは [*11)] 本文

8.3.3 ブロックフォーマット

　セクションの見出しは「#」と半角スペースに続けて書く（#も半角）．#の数がセクション

[*10)]　文末にない連続した半角スペースは出力時にすべて 1 つにまとめられる．
[*11)]　これは脚注です

のレベルに相当し，最も高い階層（レベル 1）の見出しは「# セクション名」，次の階層の見出しは「## サブセクション名」のように表記する．（#または##の後に半角スペースを入れる）このとき各セクションには番号が付くが（前述の例で言えば「1 セクション名」「1.1 サブセクション名」のようになる），番号を付けたくない場合は見出しの後に{-}を付ける（例:「# セクション名 {-}」）．

以下は見出しの付け方のスクリプト例である（出力は省略する）．

```
# 章 A
## 節 A
### 項 A
これは本文


## 節 B
ここも本文


# 番号なし章 {-}
```

箇条書きをしたい場合には半角アスタリスク「*」か半角ハイフン「-」，または半角プラス記号「+」を用いる．箇条書きは半角スペースで字下げ（インデント）することで階層化することができる（下記例を参照; 出力は省略する）．

```
* 第一階層：トピック 1
    - 第二階層：トピック 1-a
    - 第二階層：トピック 1-b
* 第一階層：トピック 2
    - 第二階層：トピック 2-a
* 第一階層：トピック 3
    - 第二階層：トピック 3-a
```

また，番号付きの箇条書きにしたい場合は半角数字に続けて半角ピリオドを打ち，そこから半角スペースを入れて箇条書きの内容を書けばよい．番号付きのリストと番号なしリストは混ぜて使うこともできる．

下記の例では番号付きリストと番号なしリストを混ぜて使う例となっている（結果は省略）．

```
1. トピック A
    * サブトピック A1
    * サブトピック A2
2. トピック B
3. トピック C
    - サブトピック C1
```

8.3.4 表 の 作 成

markdown は表を作るための直感的なシンタックスも提供している．以下のスクリプトは markdown 記法による表の作成例である．

```
|月    |和名|英語     |日数|
|:---|:--:|:------:|---:|
|1 月 |睦月|January |31  |
|2 月 |如月|February|28  |
|... |... |...     |... |
|12 月|師走|December|31  |
```

これを knit すると次のようになる．

月	和名	英語	日数
1 月	睦月	January	31
2 月	如月	February	28
...	...	...	...
12 月	師走	December	31

　表のシンタックスでは垂直線「|」が列の区切りを表し，改行が行の区切りを表している．最初の行は行頭（ヘッダー・変数名）になり，2 行目で各列の水平位置を設定する．コロン「:」が左側のみにある場合は左寄せ，右側のみにある場合は右寄せ，両側にある場合は中央揃えとなる．列幅などは自動的に調整されるため，このシンタックスで調整することはできない．

　簡単な表を作るには markdown のシンタックスで十分であるが，大きな表を作る場合や表の内容をデータとして持っている場合には markdown のシンタックスは不便であることが多い．このような場合には knitr パッケージに含まれている kable 関数を用いるのがよい．

　次の例では month.day という名前のデータフレームを元に kable 関数で表を作成している．引数 align は各列の水平位置を調整するためのもので，設定値の lccr は表の左から順に左寄せ（left），中央揃え（center），中央揃え，右寄せ（right）と指定していることを意味する．kable 関数には他にも数値の桁数を指定する digits や行名を表示するかどうかを指定する row.names などの引数がある．詳細は kable 関数のヘルプを参照のこと（?kable）．

```
## kable 関数を使った表の作成
## R のデータフレームから表を作成
month.day <-
  data.frame(月 = paste0(1:12, "月"),
             和名 = c("睦月", "如月", "弥生", "卯月", "皐月", "水無月",
                     "文月", "葉月", "長月", "神無月", "霜月", "師走"),
             英語 = month.name,
             日数 = c(31, 28, 31, 30, 31, 30, 31, 31, 30, 31, 30, 31))
kable(month.day, align = "lccr", booktabs = TRUE)
```

月	和名	英語	日数
1 月	睦月	January	31
2 月	如月	February	28
3 月	弥生	March	31
4 月	卯月	April	30
5 月	皐月	May	31
6 月	水無月	June	30
7 月	文月	July	31
8 月	葉月	August	31
9 月	長月	September	30
10 月	神無月	October	31
11 月	霜月	November	30
12 月	師走	December	31

8.4 出力ファイル形式

　本章では出力ファイルの形式として HTML を前提としていたが，前述のように R Markdown では PDF や Microsoft Word も出力形式として選択することができる．出力形式を変更したい場合には YAML ヘッダーの output オプションを pdf_document（PDF の場合）や word_document（Word の場合）に変更すればよい．

　PDF を出力形式として利用したい場合には事前に LaTeX をインストールしておく必要がある．従来，LaTeX のインストールや設定は初心者にはハードルが高かったが，近年は Yihui Xie 氏による TinyTeX[*12] を使うことで負担を大幅に減らすことができるようになっており，以前より R Markdown 用に LaTeX を導入するハードルは下がっている．

　YAML ヘッダーで output を word_document に設定することで出力形式を docx ファイルに変更できるが，このときさらに reference_docx オプションを指定すると，指定ファイル内のスタイルを使った出力を得ることができる．これを利用することで Word 出力の場合にも細かなフォーマットの設定が可能になる．詳細は RStudio のブログ記事[*13] を参照のこと．

　表の細かな設定を行いたい場合には kableExtra パッケージ（PDF 出力の場合）や flextable パッケージ，officer パッケージ（Word 出力の場合）などを併用するとよい．

　さらなる応用としては，R Markdown を使うことによってプレゼンテーション用のスライドを作ったり，ダッシュボードを作ることも可能である．R Markdown が提供している機能は RStudio のギャラリー[*14] から概要を知ることができるので，興味がある読者は是非サイトを覗いてみてほしい．

[*12]　https://yihui.org/tinytex/

[*13]　https://rmarkdown.rstudio.com/articles_docx.html

[*14]　https://rmarkdown.rstudio.com/gallery.html

8.5 章のまとめ

　本章では RStudio に標準的に搭載されている機能である R Markdown を使ったドキュメントの作り方を解説した．R Markdown を使うことによってレポート作成の効率化や透明性・一貫性の確保が可能になるほか，分析過程・分析結果のスムーズな共有も可能になる．そのため，データ解析や結果のレポート作成を含むようなチームプロジェクトを遂行する際には R Markdown は欠かせない機能となるだろう．実際，筆者は学校を対象とした調査研究の際に R Markdown を用いて調査指示書や調査レポートを学校向けに作成した経験がある．その経験から言うと，レポート件数が多くなれば多くなるほど，そしてチームの規模が大きくなれば大きくなるほど R Markdown を使うメリットが大きくなると感じる．同様の機能は Jupyter Notebook などでも提供されているが，そういったツールを使えるスキルはレポート作成が業務に占める割合が高ければ高いほど身に付けて置かなければならないものであろう．

9
等化1：
等化の理論と手続き

9.1 は じ め に

　等化（equating）とはテスト冊子間の難易度の違いを調整してスコアを比較できるようにする統計的方法のことである (Kolen and Brennan, 2014). 例えば異なる項目セットからなる冊子 X と冊子 Y があり，A さんが冊子 X を解いて 80 点を取り，B さんが冊子 Y を解いて 70 点を取ったとする．この場合，点数だけを見れば A さんの方が能力が高いと思うかもしれないが，B さんが受けた冊子 Y の方が A さんが受けた冊子 X よりも難しいテストだったとすると，点数が高かった A さんの方が能力が高いと断言することはできなくなる．このようにテストの難易度が違うと冊子間でスコアを直接比較することができなくなる．等化ではこのような状況を取り扱う.

　等化の方法は古典的テスト理論（classical test theory; CTT）に基づく方法と項目反応理論（item response theory; IRT）に基づく方法の 2 つに大別できるが，本章では IRT にもとづく方法のみ扱うことにする [*1].

　本章で想定しているテストは，アメリカの公立学校で年度末に実施されているような大規模な総括的評価試験（summative assessment）である．「どの子も置き去りにしない法」(No Child Left Behind Act; NCLB)（北野, 2017）に代わり 2015 年に署名された「すべての生徒が成功する法」(Every Student Succeeds Act; ESSA)（北野, 2017）によってアメリカの各州は表 9.1 の科目と学年に対して，州の教育基準（academic standards）に沿った悉皆の試験を実施しなければならない．アメリカで実施されている総括的評価試験は目標基準準拠試験（criterion-referenced test）が主流で，初年度の結果をもとに教員など有識者による基準設定会議（standard setting meeting）(Cizek, 2012) において到達度の区切り点（cut scores）が決められている [*2]. 2 年目以降は項目の漏洩を避けるため，新しい冊子を毎年作成することになっている.

9.2 IRT によるテスト得点の算出

　等化の詳細に移る前に，IRT によるテスト得点の算出がどのようになっているかを復習しておこう．まず，本章で想定しているような状況では，年度×学年ごとに分析を行う．IRT による分析ではこの分析単位の中で受検者パラメータがおよそ $-3 < \theta < 3$ の範囲に収まる

　[*1] CTT を用いた等化の方法は Kolen and Brennan (2014) などを参照せよ.
　[*2] ESSA によると，テストに対して少なくとも 3 段階の到達度が設定されなければいけない．例えば 3 段階の到達度を設定するなら 2 つの区切り点を基準設定会議で決める.

表 **9.1** すべての生徒が成功する法（ESSA）に基づく総括的評価試験の科目テストと学年

科目	学年
国語（Reading or Language Arts）	3 年生から 8 年生 (小学生と中学生) までの各学年と 9 年生から 12 年生（高校生）の少なくとも 1 学年
数学（Mathematics）	3 年生から 8 年生 (小学生と中学生) までの各学年と 9 年生から 12 年生（高校生）の少なくとも 1 学年
理科（Science）	3 年生から 5 年生 (小学生) の中から少なくとも 1 学年, 6 年生から 8 年生 (中学生) の中から少なくとも 1 学年, そして 9 年生から 12 年生（高校生）の中から少なくとも 1 学年

よう推定される（例：$\hat{\theta}_i = 0.213$）. しかし結果を受け取る側からするとこの得点表示はあまり馴染みがなく, 解釈が難しいかもしれない. そこで IRT の受検者パラメータが線形変換を許容するという性質を利用して, 例えば 100 から 300 などの範囲に収まるような解釈しやすい得点に変換して受検者に報告するということがしばしば行われる. この線形変換された報告用の得点のことをスケールスコア（scale score, 尺度得点）という.

9.3 等 化 の 目 的

等化の目的には (1) 冊子間でテスト得点を直接比較できるようにすること, (2) 新しい冊子を作成する際に, すでに実施されたテストと難易度ができる限り同じになるようにすることの 2 つが挙げられる. この 2 点について以下で説明していく.

等化の最も重要な役割は, 異なる冊子の得点を同じ尺度に合わせることで, 得点の意味合いを異なる冊子間で同じにすることである. 前述のように, 2 年目以降のテストでは毎回新しい冊子を用いるので, 各回のデータのみで推定された受検者パラメータはそのままでは比較できない（受検者集団も項目セットも前年度とは異なっている）. 受検者に報告されるスケールスコアや, それをもとにした到達度は年度ごとに意味が異なっていると有用性が減じてしまうので, スケールスコアは基準となる単一の尺度に合わせてあることが望ましい. この基準となる尺度のことを基準尺度（base scale）といい, 通常初年度のデータを使って構成される. また, 到達度も基準尺度上のスケールスコアに基づいて算出されるため, 等化をすることによって例えば 6 年生で学年レベルに達したのは初年度が 40%で 2 年目は 42%であったというような経年比較ができるようになる.

図 9.1 に等化の概念図を示す. 等化によってどのように尺度を基準尺度に合わせるかわかりやすくするため, 極端に異なる尺度を使っている. 図 9.1 の左の例では 1 年目の尺度（基準尺度）の 50 点が 2 年目の 70 点に対応しており, 難易度に差があることがわかる. このままでは, 例えば 80 点という得点の意味（絶対的位置）が違っているために, 得点の比較を行うことができない. そこで等化による尺度の調整作業が必要となる. 1 年目の尺度において 50 点 → 70 点の幅（= 20 点）が 2 年目の 70 点 → 80 点の幅（= 10 点）に対応しているので, 2 年目の尺度の単位を 2 倍に引き伸ばす必要がある. すると 2 年目の 80 点は 160 点となるが, これを 1 年目の 70 点に対応付けるには 90 を引けばよいので, 全体として $Y = 2X - 90$ という変換式が成り立つ（$X = $ 調整前の 2 年目の得点, $Y = $ 調整後の得点）. 図 9.1 の右のグ

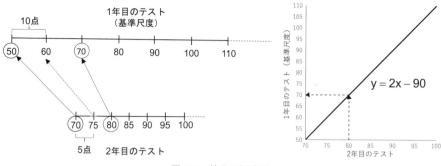

図 9.1　等化の概念図

ラフはこの変換を図示している．この図から変換前の 2 年目の尺度における 80 点が基準尺度の 70 点と同等であることがわかる．

　等化の意義でもう 1 つ挙げておきたいのが，新たな冊子を作成する際に，すでに実施された冊子の難易度と同じようになるように作成できることである．これは IRT によって可能になることなので，IRT を用いた等化の意義とも言える．新しいテストを作成する場合，テストの内容や統計的特徴（難易度など）を事細かく指定したテスト仕様書（test blueprint）を事前に用意する．このテスト仕様書に基づいて新しいテスト冊子（テスト版）を作ることで，特に内容的観点から等質だと言える冊子を作ることができるようになるが[*3]，難易度を揃えるには IRT の力が必要になる．IRT に基づいてテストを作る場合，過去に出題した項目でテスト冊子を構成すると，過去のデータから推定された項目パラメータを用いてテスト特性曲線（test characteristic curve; TCC）やテスト情報曲線（test information curve; TIC）をテストの実施前に描くことができる．この性質を利用して，テスト仕様書の内容的基準を満たしつつ，TCC や TIC が以前のテストと近くなるように既存項目を選ぶことで，内容的にも統計的特徴的にも等質な冊子を作ることができるようになる．

　また，目標基準準拠試験における到達度の区切り点のように，特定の得点帯が重要になるテストの場合には，その得点帯での測定精度が高くなるようテストを作成するのが望ましい．こういった場合には，内容的なバランスや他の条件が許す限り，区切り点付近で測定の条件付き標準誤差（conditional standard error of measurement; CSEM）[*4] が最小になるように，つまり TIC が最大になるように項目を選べばよい．例えば英語が第 1 言語ではない生徒のための英語能力テスト（English proficiency test）では生徒の英語能力がその学年で必要とされるレベルに達しているかを判断する基準点（合格点）が最も重要なので，その周辺で測定の標準誤差が最小になるようにテストを作成する．図 9.2 の例では合格点付近で CSEM が最小となっている架空のテストを示している．

9.4　IRT を用いた等化の前提

　以上の説明から分かるように，IRT に基づいてテストを運用するためにはテストの実施前に項目パラメータが既知であることが求められる．そこで大規模試験の運営にあたっては本

[*3]　等化は難易度の違いを調整できるが，テスト内容の違いを調整できない (Kolen and Brennan, 2014) ので，テスト仕様書で内容をしっかり定義することは等化を行う際の重要な条件である．

[*4]　あるいは単に「測定の標準誤差」(standard error of measurement; SEM) とも言う．

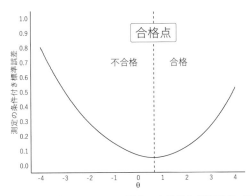

図 **9.2** 合格点周辺で最小になっている測定の条件付き標準誤差（CSEM）の例

テスト（operational test）の運営が始まる前に大規模なフィールドテスト（field test）を行って項目パラメータを推定し，数年分のテスト冊子が作れるような項目バンク（item bank）を事前に開発しておく必要がある．また，項目の内容が時間の経過によって古くなって使えなくなってしまったり，テストセキュリティ上の理由で項目の再利用ができなくなってしまうということも実際のテスト運用では起こり得る．そのため，本テストが開始された後でもフィールドテストを継続的に行って項目バンクを保守・拡張していかなければならない．

　項目バンクの保守・拡張の方法の 1 つとして埋め込みフィールドテスト（embedded field test）というものがある．埋め込みフィールドテストでは本テストの冊子に新規項目が一部含まれ（例えば全テスト項目の 20%が新規のテスト項目である），本番環境の下で新規項目に関するデータが集められる[*5]．つまり本テストと新規項目のフィールドテストが同時に行われることになる．このようにして十分な量の新規項目のデータが集められたら，このあと説明するような等化を行うことで項目バンクを拡張することができる．

　以上のような事情から，項目バンクと IRT を前提としたテスト構成・テスト運用を行うためには，テスト問題は非公開でなければならない．というのも，テスト問題の公開（あるいは漏洩）によって項目の内容が広く知られてしまうと，項目の統計的性質（難易度など）がフィールドテストと本テストで異なってしまうおそれがあるためである．こういった理由から IRT を用いたテストでは実施後に全項目が公開されることは原則的にない．

　IRT を用いた等化はパラメータの不変性（parameter invariance）と密接に関係している[*6]．IRT におけるパラメータの不変性とは，項目セットの選び方によらず受検者パラメータが推定でき，逆に受検者集団によらず項目パラメータが推定できることをいう．別の言い方をすれば，易しいテストで能力を推定しても，難しいテストで能力を推定しても，理論上は同じ能力推定値を得ることができるということである．逆にこれは，能力水準の低い受検者集団のデータから項目パラメータを推定しても，能力水準の高い受検者集団のデータから項目パラメータを推定しても，理論上は同じ項目パラメータの推定値を得る事ができるということでもある．図 9.3 は同一尺度上にある難易度の異なる 2 つテストを受けた受検者の能力推定値をプロットしたものである（仮想例）[*7]．X 軸は相対的に簡単なテストを元にした能力推定値，

[*5] 通常，新規項目はテスト得点の計算には含まれない．

[*6] 厳密には IRT のパラメータの不定性はモデルがデータに完全に適合したときにだけ起こり得る (Hambleton et al., 1991; Rupp and Zumbo, 2004, 2006).

[*7] このシミュレーションの受検者集団の受検者パラメータは標準正規分布から発生させている．2 つの

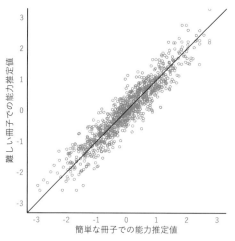

図 9.3 難易度の異なるテストを元に推定した能力値のプロット

Y 軸は相対的に難しいテストを元にした能力推定値であり，各点が 1 人の受検者を表している．サンプリングエラーによる多少のずれは見られるが，各点が 45 度の参照線（$Y = X$ の直線）の周りに推定値が分布している様子が見てとれる．このことから IRT のモデルがデータに適合していれば，難易度が異なる冊子からでもかなり近い能力推定値が得られることがわかる．

9.5 等化デザイン

　ここまで説明してきた等化は同じテスト仕様書に従う異なる冊子間で行われるものであった．このタイプの等化を水平等化（horizontal equating）という（図 9.4）．本章の例でいうと，1 つの学年に注目して年度間比較（コホート比較）をするような場合に水平等化を行う（例えば実施 2 年目の 2 年生は 1 年目の 2 年生と比べて最高到達度と判定された人の割合がどのように変化したか，など）．一方で，同じ科目について同一受検者の能力の経時的な変化を測りたい場合には垂直尺度化（vertical scaling）[*8] と呼ばれる調整が必要になる．垂直尺度化は水平等化と同じ統計的手法を用いて行われるが，Kolen and Brennan (2014) の等化の性質 [*9] を満たしていないので等化ではなく尺度化と呼ばれている．

　実際に等化を行うためには受検者集団の能力水準の差による得点差とテスト冊子の難易度差による得点差を区別できるようにするために，データ収集デザインを工夫する必要がある．この等化を可能にするデータ収集デザインのことを等化デザイン（equating design）という．図 9.5 は水平等化で使われる代表的な 3 つの等化デザインを図示したものである．ここではすべてのデザインで Form B が基準冊子となっており，新しい冊子である Form N を Form B に合わせるという状況を想定している（B は Base，N は New を表している）．

テストはそれぞれ 50 項目あるとし，2 パラメータ・ロジスティックモデルを用いた（つまり全項目の当て推量パラメータが 0）．識別力は 2 つのテストで同じ値を使い，平均が 1.5 で標準偏差が 0.5 の正規分布から発生させた．相対的に易しいテストの困難度は平均が −0.5 で標準偏差が 1 の正規分布から，相対的に難しいテストの困難度は平均が 0.5 で標準偏差が 1 の正規分布から発生させた．

　[*8]　vertical linking と呼ばれることも多い (Carlson, 2011).
　[*9]　例えば「同じテスト仕様書に基づいていなければならない」(same specifications property) など.

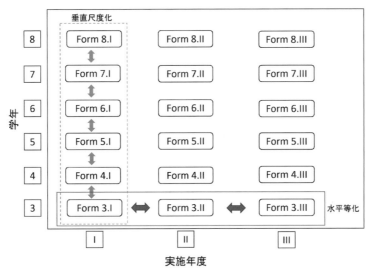

図 9.4　水平等化と垂直尺度化の概念図

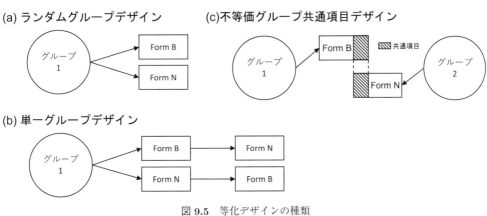

図 9.5　等化デザインの種類

　(a) のランダムグループデザイン（random groups design）では単一の受検者集団に対しランダムに Form B か Form N のどちらかを割り当てて，その冊子のみに解答してもらう．冊子の割当をランダムにすることによって，受検者集団を等質な 2 つのグループに分けることができるようになり，結果として冊子間の平均点の差が受検者集団の差によるものではなく，冊子の難易度の差によるものだと見なすことができるようになる．また，共通項目を必要としないこともこのデザインの強みの 1 つである．受検者側から見ると 1 冊子のみに解答すればよいので相対的に負担が少ない．一方で受検者を 2 つのグループに分割するため，正確な等化のためには多くの受検者を必要とする．

　(b) の等化デザインは単一グループデザイン（single group design）と呼ばれるもので，単一の受検者集団に Form B と Form N の両方に解答してもらう．このとき，Form B → Form N の順で受検するグループと Form N → Form B の順で受検するグループにランダムに分けることで順序効果や疲労効果，訓練効果などを軽減することができる．これを「カウンターバランスを取る」（counterbalancing）と言い，単一グループデザインと併用される．単一グループデザインでは 1 人の受検者が 2 冊子に解答することで自身がコントロール（統制）としてはたらくため，ランダムグループデザインよりも必要とされるサンプルサイズが小さく

なるというメリットがある．また，ランダムグループデザインと同様に2つの冊子が完全に異なる項目セットで構成されていてもよい．一方で1人が2冊子に解答するので，当然ながら受検者の負担はランダムグループデザインよりも大きくなる．

　(c) の等化デザインは不等価グループ共通項目デザイン（nonequivalent groups with anchor test design; NEAT design，または common-item nonequivalent groups design）と呼ばれるものである．このデザインでは2つの受検者集団がそれぞれ異なる1つの冊子に解答する．図 9.5 ではグループ1が Form B に解答し，グループ2が Form N に解答している．NEAT デザインがランダムグループデザインや単一グループデザインと異なる点は，(1) 2つの受検者集団は必ずしも同時期にテストを受ける必要はない，(2) 両方の冊子で出題される項目が一定割合存在するという2点である．(1) については，ランダムグループデザインと単一グループデザインではグループの等質性を担保するためのランダム割当が必須であるため，2つの冊子は同時期に受検されなければならないという制約がある．一方で NEAT デザインは最初からグループの異質性を前提にしているため，2つのテストの実施時期が離れていても構わない．また (2) については，両方の冊子に含まれている共通項目（common item; またはアンカー項目（anchor item[*10]））がグループの能力差を捉えて冊子の難易度差から分離させるという重要な役割を担っている．このため，共通項目の選択はこのデザインにとって非常に重要な実施上のポイントとなる．

　等化デザインの選択は開発・運営しているテストプログラムの条件を加味した上で，等化の精度がより高くなるようにしていかなければならない．本章で想定しているような大規模な統一テストの場合，毎年違う受検者集団（コホート）がテストを受けるので，集団の能力水準は毎年違うと想定するのが適切であろう．実際，どの子も置き去りにしない法（NCLB）が施行されていたときは学年相応の学習レベルに到達している生徒の割合が毎年少なからず増えるというシナリオがアメリカ各州で描かれていた．また，等化先が前年のテストであり，2つの冊子を同時に出題することが原理的に不可能であることを考えると，NEAT デザインが最も現実的なデザインということになる．

　NEAT デザインを採用する際に重要なのが共通項目の選択である．受検者集団の能力差をより正確に捉えるために共通項目はテスト全体の内容的，統計的特性を適切に代表する必要がある (Kolen and Brennan, 2014)．つまり共通項目セットだけを見た場合にもテスト仕様書に沿った "mini test" となっていることが望ましい．また，共通項目の出題位置の違いが項目パラメータの安定性や等化に影響を与えるという研究報告もあるため，共通項目は等化を行う冊子間で同じような位置に配置される方が望ましい (Cook and Petersen, 1987; Meyers et al., 2012)．選択肢の順序も解答行動の差異につながる可能性があるため，共通項目に関しては同じ順序で選択肢を提示する方がよい．逆に言えば，出題位置や選択肢の提示順を変えた項目は別の項目として扱った方が安全であると言える．このような共通項目の選択の条件はテスト仕様書に含めておく．

　図 9.6 は NEAT デザインで収集されたデータを2通りのレイアウトで提示したものである．右の (B) では各行が受検者を，各列が項目を表しており，列は出題順に並べてある．そのため共通項目部分は上下で同じ項目を表しているが，その他は冊子固有の項目であるため，

[*10]　anchor は錨の意である．

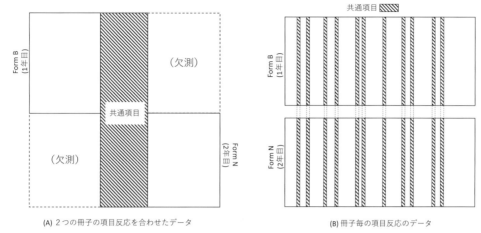

図 **9.6** 不等価グループ共通項目デザインの項目反応データの例

上下で違う項目が並んでいることに注意が必要である。イメージとしては反応データのファイルが2つあると考えればよい。この冊子ごとの項目反応データを1つのファイルにまとめると左の (A) のようになる。このレイアウトは実際の分析で用いるもので、行が受検者を表し、列が項目を表しているが、すべてのデータを1つのファイルにまとめるために出題順序（列の並び）は無視されている。したがって共通項目がForm Bの最後の方やForm Nの最初の方で出題されたわけではないことに留意してデータを取り扱う必要がある。また、グループ1の受検者のForm Nに固有の項目への反応（グループ2の受検者のForm Bに固有の項目への反応）は欠測になっていることにも注意してほしい。これらの欠測は、出題したが答えなかったという欠測ではなく、構造的に欠測している部分である。

9.6 等化係数とその求め方

本章の例では異なる受検者グループが異なるテスト冊子を受検すると仮定しているが、その場合、テスト冊子ごとに推定したIRTのパラメータを直接比較することはできない。なぜなら能力値分布にグループ差がある可能性があるにもかかわらず冊子ごと（＝グループごと）に推定が行われた結果、能力値分布がグループ内で平均0・標準偏差1に標準化（standardization）されてしまい、あたかもグループ差がないようにパラメータが推定されてしまうためである。そこで共通項目（NEATデザイン）を用いて等化を行い、尺度を線形変換によって揃えて受検者パラメータや項目パラメータを比較できるようにする。具体的には、図9.6に示したForm Nの項目パラメータを基準尺度（Form B）に合わせていく。Form Nの項目 j の困難度パラメータ b_{Nj} は以下の線形変換により基準尺度上での困難度 b_{Bj}^* になる。

$$b_{Bj}^* = Ab_{Nj} + K$$

ここで A と K は Form N のパラメータを基準尺度に合わせるための等化係数（equating coefficients）である。また Form N の識別力パラメータ a_{Nj} は

$$a_{Bj}^* = \frac{a_{Nj}}{A}$$

によって基準尺度上での識別力 a_{Bj}^* になる。当て推量パラメータ c_{Nj} は等化係数に関係なく

$$c_{Bj}^* = c_{Nj}$$

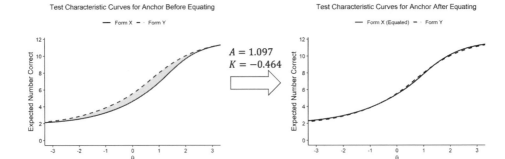

図 9.7　共通項目で構成した各冊子のテスト特性曲線（左：等化前，右：Stocking & Lord 法による等化後）

となる．また，項目パラメータだけでなく受検者パラメータ θ_{Ni} も等化係数を使って

$$\theta_{Bi}^* = A\theta_{Ni} + K$$

とすることで基準尺度に合わせることができる．この変換は当該項目の正答確率を変化させないことが知られている．このことは次のようにして確認ができる（3PL モデルの場合）．

$$P_j(\theta_{Bi}^*) = c_{Bj}^* + \frac{1 - c_{Bj}^*}{1 + \exp\left[-a_{Bj}^*(\theta_{Bi}^* - b_{Bj}^*)\right]}$$

$$= c_{Nj} + \frac{1 - c_{Ni}}{1 + \exp\left[-\frac{a_{Nj}}{A}(A\theta_{Ni} + K - Ab_{Nj} - K)\right]}$$

$$= c_{Nj} + \frac{1 - c_{Nj}}{1 + \exp\left[-a_{Nj}(\theta_{Ni} - b_{Nj})\right]}$$

$$= P_j(\theta_{Ni})$$

等化係数を推定する方法には mean/mean 法 (Loyd and Hoover, 1980)，mean/sigma 法 (Marco, 1977)，Haebara 法 (Haebara, 1980) や Stocking & Lord 法 (Stocking and Lord, 1983) などがあるが，3PL モデルが使われる際は Haebara 法か Stoking & Lord 法を用いるのが一般的である[11]．本章でもこれも従い特性曲線法，特に Stocking & Lord 法を詳しく説明する．

　Stocking & Lord 法は共通項目のみで描いたテスト特性曲線（TCC）の差異を最小にする等化係数を求める方法である．図 9.7 は Kolen and Brennan (2014) の例を使って 2 つの冊子の共通項目の項目パラメータから TCC を描いたものである (Kolen and Brennan, 2014, p.203, 左：変換前，右：変換後)[12]．この例では Form Y を基準尺度とし Form X の項目パラメータを基準尺度に合わせている．左の図にある 2 つの冊子の共通項目のテスト特性曲線の差を最小にするような等化係数を導くのが Stocking & Lord 法である．数学的には

$$SLcrit(A, K) = \sum_{q=1}^{Q}\left[T(\theta_{Bq}) - T^*(\theta_{Bq}^*)\right]^2 w(\theta_q) = \sum_{q=1}^{Q}\left[\sum_{j\in C} P_j(\theta_{Bq}) - \sum_{j\in C} P_j(\theta_{Bq}^*)\right]^2 w(\theta_q)$$

---

[11]　Hanson and Béguin (2002) は 2 値項目だけで構成されているテストに対し 3PL モデルで項目パラメータを推定し，等化を行ったシミュレーションでも特性曲線等化法の方が mean/mean 法や mean/sigma 法よりも正確な等化結果が得られたと報告している．

[12]　厳密には等化前の 2 つの冊子の共通項目のテスト特性曲線は尺度が揃っていないので同じ図に描くべきではないが，Stocking & Lord 法を使うと等化前と等化後のテスト特性曲線がどう変わるかを示すために左の図を描いた．

を最小にする (A, K) の組を求めることが Stocking & Lord 法ということになる。ここで C は共通項目を表す集合, $T(\theta) = \sum_{j \in C} P_j(\theta)$ は共通項目で構成した TCC, $w(\theta_q)$ は $\theta = \theta_q$ における重みである。

Kolen and Brennan (2014) の例について R の `plink` パッケージ (Weeks, 2010) を使って Stocking & Lord 法で等化係数を推定すると $A = 1.097$, $K = -0.464$ になった[*13]。その等化係数で Form X の共通項目の項目パラメータを基準尺度に合わせると図 9.7 の右のように 2 つのテスト特性曲線がほぼ重なり,等化係数の推定がうまくいっていることを示している。`plink` パッケージを使用した具体的な例は第 10 章で紹介する。

9.7 共通項目の安定度の評価

理想的な状況下では IRT の受検者パラメータと項目パラメータは,異なるテスト冊子から求めたとしても尺度を合わせたときには同じ値になるはずである。これをパラメータの不変性（parameter invariance）という (Rupp and Zumbo, 2006)。しかし現実には等化後でも項目特性曲線に違いが出てしまう場合がある。例えば Kolen and Brennan (2014) において項目 27 が最終的な共通項目から除外されたことを脚注で述べたが,その項目の等化後の項目特性曲線を描くと図 9.8 のようになり,ICC のずれが $\theta > 0$ の範囲で目立っている[*14]。このように等化後の共通項目の項目特性曲線の違いが出てしまう現象を項目パラメータドリフト（item parameter drift; IPD）と呼ぶ。

共通項目の中にパラメータドリフトを起こしている項目が含まれていると等化の精度に影響を及ぼすことがあるため,等化プロセスの中には通常,共通項目の安定度の評価を行うステップ（stability check）が含まれている。パラメータの安定性を調べる方法にはロバスト Z 法 (Taherbhai and Seo, 2013) や D^2 法 (Wells et al., 2014) などがあるが,ここでは 2PL モデルや 3PL モデルにも適用できる D^2 法を詳しく説明する。

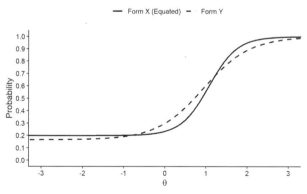

図 **9.8** 不安定な共通項目の項目特性曲線（項目 27）

[*13] Kolen and Brennan (2014) の例では 12 の共通項目の内,安定していないと判断された 1 項目（項目 27）を除いて最終の等化係数を推定している。本章でも同じ項目を共通項目から除外して等化係数を求めた。

[*14] この項目特性曲線を描く際,項目 27 を含めた 12 項目すべての共通項目を使って等化係数を求めた（$A = 1.1015$, $K = -0.4765$）。

D^2 値は 2 つの冊子（受検者グループ）から推定された ICC の違いを表す値で，共通項目 j に対して次のように定義される.

$$D_j^2 = \sum_{q=1}^{Q} \left[P_j(\theta_{Bq}) - P_j^*(\theta_{Bq}^*) \right]^2 w(\theta_q)$$

ここで $w(\theta_q)$ は求積点 $\theta = \theta_q$ における重みである．この重みによって ICC が特にずれてほしくない θ の帯域を指定することができる．例えば，ある θ の区間で等間隔に Δ ごとに求積点を設定すると，重み $w(\theta_q)$ は確率密度 $f(\theta_q)$ と求積点の間隔 Δ の積 $w(\theta_q) = \Delta f(\theta_q)$ で求めることができる（和が 1 になるよう標準化された重み）．確率密度 $f(\theta_q)$ はデータから経験的に求めてもよいし，何らかの分布（例えば標準正規分布や一様分布）を仮定してもよい.

D^2 値を元に共通項目の安定性を評価する 1 つの方法として Wells et al. (2014) はすべての共通項目に関する D^2 値の平均と標準偏差を算出し，各項目の D^2 値が平均から 2 標準偏差以上離れた共通項目を除外する事を提案している．この方法だと D^2 値が他の共通項目の値よりも相対的に見て大きい項目を項目パラメータドリフトが起こったと判断していることになる．また，以下の反復法を使って等化係数を求めるときにその共通項目を除外すべきか判断することもできる (Wells et al., 2014).

1. Stocking & Lord 法などで等化係数を求め，等化係数を使って共通項目の尺度を合わせる.
2. 各共通項目の D^2 値を求め，D^2 値の平均と標準偏差を求める.
3. D^2 値の平均値から 2 標準偏差を超える D^2 値を持つ共通項目の内，D^2 値が最大の項目を共通項目セットから除外し，等化係数を再推定する.
4. 上記の 1 から 3 を基準値を超える共通項目がなくなるまで繰り返す．ただし基準値は最初の値から変えないものとする.

なお，この反復法は特異項目機能（differential item functioning; DIF）[*15)] の検知における純化（purification）と呼ばれる手続きに相当する.

9.8　その他の等化方法

水平等化の方法はこれまで説明してきた方法（冊子ごとにパラメータを個別推定（separate calibration）→ 等化係数の推定 → IRT パラメータの変換）の他に，事前に基準尺度上でのパラメータの値がわかっている項目を共通項目として用い，推定時に共通項目のパラメータをその既知の値に固定して推定することで残りの項目のパラメータも基準尺度上に乗せる「固定項目パラメータ調整法」（fixed item parameter calibration; 固定パラメータ推定とも言う．詳しくは第 6 章を参照せよ）や，図 9.6 の (A) のように全冊子の反応データを 1 つの大きなデータに集約してから一括でパラメータの推定を行う「同時調整法」（concurrent calibration）という方法もある．固定項目パラメータ法や同時調整法を行って平行等化を行う場合は等化係数を推定する必要がないので等化のテクニックとしてはやや簡単な印象を受けるが，このような方法を使う場合でも等化係数を推定する方法と同じように共通項目の選択に細心の注

[*15)]　等化の有無にかかわらず，下位集団間で ICC が異なるような状態のこと（例：男女間，都市部–地方間，人種・エスニシティ間など）を言う.

表 9.2　不等価グループ共通項目デザインを用いた等化方法

等化方法	概要
個別推定 + 尺度変換	冊子ごとに個別に項目パラメータの推定を行い，いずれかの尺度変換法で等化係数を求める．推定された等化係数を新しい冊子の項目パラメータに適用し基準尺度に合わせる．
固定項目パラメータ	共通項目の項目パラメータを基準尺度上の値に固定した状態で残りの項目パラメータの推定を行う．共通項目の項目パラメータが基準尺度に合わせてあるので残りの項目パラメータも基準尺度上での値になる．
同時調整	すべての冊子の項目データを 1 つのデータとして集約し項目パラメータの推定を行う．一括で推定するのでデータに含まれるすべての項目のパラメータが同じ尺度上の値になる．

意を払わなければならない．またこれらの等化係数を用いない方法では共通項目の安定度を直接調べることができないことにも注意が必要である．

　最後に，本章で扱った NEAT デザインを用いた等化方法とその概要を表 9.2 にまとめる．

9.9　章 の ま と め

　本章では等化，特に IRT に基づいた等化について理論的側面に焦点を当てて解説してきた．第 10 章ではシミュレーションデータを使って実際に R で 2 つの冊子の等化を実践していく．この実践は本章以外の章で解説したこと（tidyverse パッケージなど）もすべて含めた総合演習のような形になっているので，各章の復習も並行して進めていってほしい．

10

等化2：
plinkパッケージを使った等化の実践

本章ではRを使った等化の実践例を紹介する．ここでは項目分析の章（第3章）で使った人工データの中から2021年の1年生と2022年の1年生の反応データを使い，異なる年度に実施された同学年のテストの等化を行う（水平等化）．等化デザインには不等価グループ共通項目デザイン（NEATデザイン）を採用し，Stocking & Lord法によって2022年の尺度を2021年の尺度に合わせることにする．2つの冊子にはそれぞれ50項目が含まれているが，そのうち半数の25個が共通項目となっている．

本章の等化のプロセスの流れは次のようにまとめられる．

1. テスト冊子と項目情報の読み込み
2. 項目反応データの読み込み・採点
3. 項目分析
   - 古典的テスト理論の項目困難度（P-value）[*1]の計算
   - 共通項目の項目困難度の散布図の作成
4. mirtパッケージを使用した反応データのIRT分析
5. plinkパッケージを使用した等化
6. D^2による共通項目の安定度の評価
7. 純化・再等化
8. インパクト分析

なお，上記の一連の分析はちょうど等化結果のレポートに含めるべき内容となっていて，かつ本書のこれまでの内容の総復習となっている．そのため分析の背景や文脈，分析の手続き，分析結果とその解釈をR Markdownでレポートとして出力することで，本書の総復習かつ教育データ解析の実践的総合演習ができるようになっているので，読者はぜひ自分の手でレポートを書いてみてほしい．

10.1　冊子情報・項目情報の読み込み

まずはExcelファイルに保存してある項目やテストの情報を読み込む．test_information.xlsxには3つのシートがあり，item_infoシートには項目属性の情報が，form_infoシートには冊子と項目の対応情報が，そしてtest_infoシートにはテスト属性が保存されている．ここでも以前と同様にreadxlパッケージを使用し，それぞれのシートから情報を読み込む．

[*1]　古典的テスト理論のP-valueは「項目の平均点/項目の最高可能得点」で計算される．2値の項目反応データでは正答率（通過率）と同じである．統計的仮説検定のp値とは異なる．

```
## 関連情報の読み込み
library("readxl")
file_name <- "test_information.xlsx"
item_info <- read_excel(file_name, "item_info")  # 項目情報
form_info <- read_excel(file_name, "form_info")  # 冊子情報
test_info <- read_excel(file_name, "test_info")  # テスト情報
```

次に item_info, form_info, test_info を結合して，2021 年の 1 年生の冊子（基準冊子）の項目の情報を含むオブジェクト form_b を作成する．item_info と form_info は項目 ID（item_id）でつながっており，form_info と test_info は冊子 ID（form_id）でつながっているので，これを結合のキー変数として用いる．

```
## 冊子情報の作成（基準冊子）
library("tidyverse")
form_b <-
  test_info %>%
  filter(grade == 1 & year == 2021) %>%    # 2021 年 1 年生の情報を抽出
  inner_join(form_info, by = "form_id") %>% # 冊子情報と結合
  inner_join(item_info, by = "item_id") %>% # 項目情報と結合
  print()
```

```
## # A tibble: 50 x 8
##    year grade form_id order item_id   key content_domain
##   <dbl> <dbl> <chr>   <dbl> <chr>   <dbl> <chr>
## 1  2021     1 F0001       1 M100025     1 Number
## 2  2021     1 F0001       2 M100021     2 Number
## 3  2021     1 F0001       3 M100015     4 Algebra
## 4  2021     1 F0001       4 M100074     4 Geometry
## 5  2021     1 F0001       5 M100004     2 Statistics
## # ... with 45 more rows, and 1 more variable: cognitive_domain <chr>
```

以上のスクリプトにより，2021 年の 1 年生が受検した冊子の項目 ID（item_id）と出題順序（order），項目の正答キー（key），内容領域（content_domain）などの情報を 1 つのオブジェクトにまとめることができる（form_b）．

同様に，2022 年の冊子の項目の情報を form_n というオブジェクトに保存する．

```
## 冊子情報の作成（新冊子）
## 結果の表示は省略
form_n <-
  test_info %>%
  filter(grade == 1 & year == 2022) %>%    # 2022 年 1 年生の情報を抽出
  inner_join(form_info, by = "form_id") %>% # 冊子情報と結合
  inner_join(item_info, by = "item_id")    # 項目情報と結合
```

10.2　項目反応データの読み込み・採点

　次は csv ファイルとして保存してある反応データを読み込み，分析用に整形していく．反応データは csv ファイルとして保存されているので，read.csv 関数を使って R に読み込む．

```
## 項目反応データの読み込み
## 2021 年 1 年生
response_b <- read.csv("response_data_2021_grade1.csv", na.strings = "-1")
## 2022 年 1 年生
response_n <- read.csv("response_data_2022_grade1.csv", na.strings = "-1")
```

　反応データを R に読み込んだら，次に各項目の採点を行う．第 3 章では mirt パッケージの key2binary 関数を使い，正解を 1 に，誤答と欠測を 0 に変換していた．また，第 5 章では反応データをロング型に変形してから正答選択肢と解答が横並びになるように結合し，その 2 列の各値が一致すれば 1 を，そうでなければスコアの 0 を与えるという方法で採点を行った．ここでは dplyr の復習も兼ねて，後者の方法で採点を行う．

```
## 基準冊子の採点
scored_b <-
  response_b %>%
  pivot_longer(cols = starts_with("M"),     # M で始まる列を処理
               names_to = "item_id",         # 変数名は item_id に
               values_to = "response") %>%   # 値は response に
  inner_join(form_b,                         # 正答選択肢の取得
             by = c("year", "grade", "form_id", "item_id")) %>%
  mutate(score = if_else(response == key, 1, 0),  # 採点
         score = replace_na(score, 0))  # 欠測を誤答に
str(scored_b)

## tibble [50,000 x 12] (S3: tbl_df/tbl/data.frame)
##  $ id              : chr [1:50000] "ST2001" "ST2001" "ST2001" "ST2001" ...
##  $ form_id         : chr [1:50000] "F0001" "F0001" "F0001" "F0001" ...
##  $ year            : num [1:50000] 2021 2021 2021 2021 2021 ...
##  $ grade           : num [1:50000] 1 1 1 1 1 1 1 1 1 1 ...
##  $ gender          : chr [1:50000] "m" "m" "m" "m" ...
##  $ item_id         : chr [1:50000] "M100025" "M100021" "M100015" "M100074" ...
##  $ response        : int [1:50000] 2 3 3 1 2 5 5 1 1 2 ...
##  $ order           : num [1:50000] 1 2 3 4 5 6 7 8 9 10 ...
##  $ key             : num [1:50000] 1 2 4 4 2 5 5 1 1 3 ...
##  $ content_domain  : chr [1:50000] "Number" "Number" "Algebra" "Geometry" ...
##  $ cognitive_domain: chr [1:50000] "Knowing" "Reasoning" "Reasoning" "Applying" ...
##  $ score           : int [1:50000] 0 0 0 0 1 1 1 1 1 0 ...
```

```
## 新冊子の採点（結果の表示は省略）
scored_n <-
```

```
response_n %>%
pivot_longer(cols = starts_with("M"),
             names_to = "item_id",
             values_to = "response") %>%
inner_join(form_n, by = c("year", "grade", "form_id", "item_id")) %>%
mutate(score = if_else(response == key, 1, 0),
       score = replace_na(score, 0)
```

ここで気を付けたいのは欠測（NA）の処理である．欠測値 NA に対して比較演算子「==」を適用した結果は NA となるため，mutate 関数内の score = if_else(response == key, 1, 0) という処理結果は response が NA の場合は NA となる．このため次の行で score = replace_na(score, 0) と処理して response が欠測しているケースの score を 0 に上書きしている．

10.3 項 目 分 析

10.3.1 項目困難度の計算

反応データの採点ができたので，次は冊子ごとに項目困難度（P-value）を計算する．ここでいう項目困難度は古典的テスト理論に基づいたもので，項目得点の平均を最高可能得点で割ったものである．今回扱っている項目はすべて 1 点満点なので項目正答率がそのまま P-value となる．計算した P-value は後で共通項目の冊子間での違いを評価するのに使われる．

次のスクリプト例では採点済みオブジェクトの scored_b と scored_n から共通項目の P-value を計算し，anc_pval というオブジェクトにまとめて保存している．

```
## 共通項目の項目困難度（P-value）の計算
anchor_id <- intersect(form_b$item_id, form_n$item_id)  # 共通項目の ID
anc_pval <-
  rbind(scored_b, scored_n) %>%  # 2 つのロング型オブジェクトを 1 つにまとめる
  filter(item_id %in% anchor_id) %>%  # 共通項目のみを抜き出す
  group_by(form_id, item_id) %>%  # 冊子 & 項目ごとにグループ化
  summarize(M = mean(score), .groups = "drop") %>%  # 平均項目得点を算出
  pivot_wider(id_cols = item_id,
              names_from = form_id,
              values_from = M) %>%    # ワイド型に変形し，1 行 1 項目に
  print()

## # A tibble: 25 x 3
## item_id F0001 F0004
## <chr> <dbl> <dbl>
## 1 M100006 0.368 0.349
## 2 M100008 0.387 0.4
## 3 M100009 0.279 0.28
## 4 M100010 0.769 0.778
## 5 M100016 0.583 0.601
```

```
## # ... with 20 more rows
## # i Use `print(n = ...)` to see more rows
```

10.3.2 共通項目の P-value の散布図の作成

　冊子ごとに P-value が計算できたら以下のスクリプトで散布図を描く（図 10.1）．この散布図は共通項目の安定度を評価する際の補助的な情報として用いる．

```
## 共通項目の項目困難度の散布図（図 10.1）
library("ggrepel")  # geom_text_repel を使うためにロード
theme_set(theme_minimal())  # ggplot2 のデフォルトのテーマを変更

ggplot(anc_pval, aes(F0001, F0004)) +  # F0001: 基準冊子, F0004: 新冊子
  geom_text_repel(aes(label = item_id), size = 3) +  # item_id をラベルとして表示
  geom_point() +  # 散布図レイヤー
  scale_x_continuous(limits = c(0, 1),  # データ範囲の制限
                     breaks = seq(0, 1, 0.1)) +  # 目盛りの調整（0.1 ごと）
  scale_y_continuous(limits = c(0, 1),
                     breaks = seq(0, 1, 0.1)) +
  geom_abline(intercept = 0, slope = 1, linetype = "dashed") +  # 参照線
  geom_smooth(method = "lm", formula = y ~ x, se = FALSE) +  # 回帰直線
  labs(x = "P-value (2021)", y = "P-value (2022)")  # 軸ラベルの変更
```

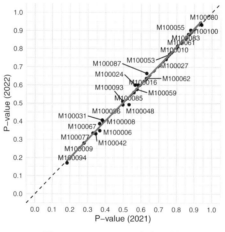

図 **10.1** P-value の経年比較

　図 10.1 の各点は 1 つの共通項目を表しており，グループ間の能力差があまりない場合には各項目が $y = x$ を表す破線付近に分布することが予想される．点が破線よりも上に位置する場合は 2022 年度の方が P-value が高く，2022 年度の方が相対的に難易度が低いということになる．また，$y = x$ の参照線に加えて回帰直線も geom_smooth 関数によって追加されている．回帰直線は共通項目が冊子間で安定しているかどうか視覚的に判断するために加えている．例えば共通項目が安定しているのであれば回帰直線に近い所にデータがまとまって分布することが予想される．逆に安定していない共通項目であれば回帰直線からより遠い所に

データが現れることが予想される.特にラッシュモデルを使っている場合,ロバスト Z 法で除外すべきだと判断されるような共通項目が回帰直線から相対的に遠い所にあることが多い.これは P-value と IRT の困難度パラメータが高い負の相関関係にあるためである.また,2 パラメータ・ロジスティックモデル（2PL モデル）や 3 パラメータ・ロジスティックモデル（3PL モデル）を使う場合でも,共通項目の困難度パラメータが安定していない場合は D^2 法で除外すべきだと判断されるような共通項目が回帰直線から離れることが多い.

10.4 mirt パッケージを使用した項目反応データの **IRT** 分析

次に mirt パッケージを使用した IRT 分析を行う.まず項目パラメータの推定に用いる mirt 関数はワイド型のデータを必要とするので,現在ロング型になっている採点済みデータ scored_b と scored_n をワイド型に変形する.

```
## 基準冊子
data_mirt_b <-
  scored_b %>%
  pivot_wider(id_cols = id,
              names_from = item_id,
              values_from = score) %>%
  select(all_of(form_b$item_id))
str(data_mirt_b, list.len = 5)  # 結果を確認
```

```
## tibble [1,000 x 50] (S3: tbl_df/tbl/data.frame)
## $ M100025: num [1:1000] 0 0 1 0 0 0 1 0 0 0 ...
## $ M100021: num [1:1000] 0 0 1 1 1 1 1 0 1 0 ...
## $ M100015: num [1:1000] 0 0 1 1 1 0 0 0 0 1 ...
## $ M100074: num [1:1000] 0 0 0 0 0 0 0 0 0 0 ...
## $ M100004: num [1:1000] 1 1 1 1 1 1 1 1 1 0 ...
##   [list output truncated]
```

```
## 新冊子（結果の表示は省略）
data_mirt_n <-
  scored_n %>%
  pivot_wider(id_cols = id,
              names_from = item_id,
              values_from = score) %>%
  select(all_of(form_n$item_id))
```

ワイド型データができたら次は IRT 分析を行う.ここでは 2PL モデルを用い,冊子ごとに項目パラメータの推定を行う（個別推定）.

```
## 項目パラメータの推定
library(mirt)


## 基準冊子
```

```
fit_b <- mirt(data_mirt_b, 1, "2PL", SE = TRUE, verbose = FALSE)
## 新冊子
fit_n <- mirt(data_mirt_n, 1, "2PL", SE = TRUE, verbose = FALSE)
```

　第1引数 data にはワイド型に変形した採点済みデータを指定する．第2引数 model には
1 を与えて1次元の探索的モデルを指定する．また第3引数 itemtype には"2PL"を指定して
全項目に 2PL モデルを適用する．推定の標準誤差（standard error; SE）を得るために SE =
TRUE としておく．デフォルトでは SE = FALSE となっているので，ここで必ず設定を変更し
ておくこと．verbose = FALSE は推定過程の画面への出力を抑制するためのオプションであ
る．ここでは FALSE（非表示）にしているが，推定過程を確認したい場合には TRUE に設定し
てもよい．

　計算が終わったら，次のスクリプトを使って項目パラメータの推定値を抽出する．

```
## 項目パラメータ (item parameter; ip) 推定値 (estimate; est) の抽出
## 基準冊子
ip_est_b <-
  coef(fit_b, IRTpars = TRUE, simplify = TRUE) %>%
  pluck("items") %>%
  as_tibble(rownames = "item_id") %>%
  mutate(form_id = "F0001")
## 新冊子
ip_est_n <-
  coef(fit_n, IRTpars = TRUE, simplify = TRUE) %>%
  pluck("items") %>%
  as_tibble(rownames = "item_id") %>%
  mutate(form_id = "F0004")
```

　まず，推定結果のオブジェクト fit_b と fit_n に coef 関数を適用して推定値を引き出す．
このとき，パラメータは「困難度・識別力」形式ではなく「切片・傾き」形式になっている
ので，困難度・識別力形式で推定値を得るために IRTparts = TRUE という引数の指定を行
う．また，デフォルトでは各項目の結果を要素に持つリストが返ってくるので，これを行列
形式にするために simplify = TRUE を指定する．ただし，simplify = TRUE とした場合で
も結果は項目パラメータ（要素名 items）と受検者集団パラメータ（要素名 means, cov）の
リストで返ってくるので，リストの要素を抽出する pluck 関数（purrr パッケージ）[2] で項
目パラメータのみを抽出する．さらに，項目パラメータは行列として返されるので，これを
tidyverse で扱いやすいように tibble に変換する（as_tibble 関数）．このとき項目 ID が
行名として保存されているので，as_tibble 関数の引数 rownames を使って項目 ID を明示
的に変数にしておく（item_id は行名を変数にする際の新変数名である）．最後に，どちらの
冊子から推定された推定値なのかを区別するために mutate 関数を使って冊子 ID（form_id）
を追加する（F0001 が基準冊子，F0004 が新冊子である）．以上の処理の結果は次のように
なっているはずである．

---

[2]　tidyverse パッケージに含まれるパッケージの1つで，リストを扱う際によく使われる．

```
## 結果の確認
print(ip_est_b, n = 3)  # 基準冊子
```

```
## # A tibble: 50 x 6
##   item_id     a      b     g     u form_id
##   <chr>    <dbl>  <dbl> <dbl> <dbl> <chr>
## 1 M100025  1.59  0.110     0     1 F0001
## 2 M100021  1.72 -1.22      0     1 F0001
## 3 M100015  1.54 -0.477     0     1 F0001
## # ... with 47 more rows
```

```
print(ip_est_n, n = 3)  # 新冊子
```

```
## # A tibble: 50 x 6
##   item_id     a      b     g     u form_id
##   <chr>    <dbl>  <dbl> <dbl> <dbl> <chr>
## 1 M100029  1.27 -0.743    0     1 F0004
## 2 M100007  1.17 -0.541    0     1 F0004
## 3 M100089  1.49 -1.90     0     1 F0004
## # ... with 47 more rows
```

　項目パラメータを抽出することができたら，P-value のときと同様に共通項目の困難度パラメータと識別力パラメータの散布図を描いてみよう．まずはゴールとなる散布図のイメージを確認しておこう．ここでは困難度と識別力が別々のサブプロット（ファセット）になるようにし，横軸が 2021 年の推定値，縦軸が 2022 年の推定値になるようにする（図 10.2）．グラフの要素には P-value のときと同様，各共通項目を表す点とそのラベル（項目 ID），そして推定値から求められる回帰直線を含める．

　これらを実現するために必要なデータは次のような構造を持っていなければならない．

- facet を指定するための変数 parameter（値は a または b）を持つ
- x に割り当てられる 2021 年の推定値を変数 F0001 として持つ

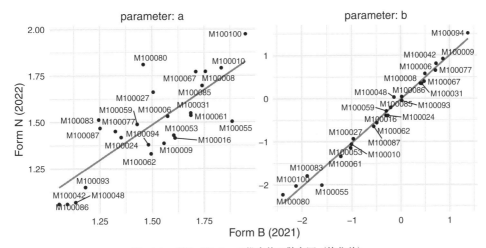

図 10.2　項目パラメータ推定値の散布図（等化前）

- y に割り当てられる 2022 年の推定値を変数 F0004 として持つ
- ラベルとなる項目 ID item_id を変数として持つ

各観測（各行，図中の点）を一意に定める主キーは item_id と parameter の 2 変数であることに注意してほしい．以上より，散布図を書くのに必要なデータは 50 × 4 というサイズになるはずである（50 行 = 25 共通項目 × 2 パラメータ）．

それでは実際にデータを加工していこう．まず rbind 関数で基準冊子の推定値と新冊子の推定値を行方向に積み上げ，pivot_longer 関数を使ってロング型へ変形し，パラメータを表す変数を新たに設ける．

```
## 散布図用のデータ
rbind(ip_est_b, ip_est_n) %>%
  pivot_longer(cols = c(a, b),              # 処理対象の変数
               names_to = "parameter",      # 変数名が作る新変数の名前
               values_to = "estimate") %>%  # 値が作る新変数の名前
  print()
```

```
## # A tibble: 200 x 6
##   item_id      g      u form_id parameter estimate
##   <chr>    <dbl>  <dbl> <chr>   <chr>        <dbl>
## 1 M100025      0      1 F0001   a             1.59
## 2 M100025      0      1 F0001   b             0.110
## 3 M100021      0      1 F0001   a             1.72
## 4 M100021      0      1 F0001   b            -1.22
## 5 M100015      0      1 F0001   a             1.54
## # ... with 195 more rows
```

次に基準冊子と新冊子の推定値をそれぞれ個別の変数として持たせるために pivot_wider 関数を適用する．このとき g（下限値パラメータ，当て推量パラメータ）と u（上限値パラメータ）を id_cols や names_from, values_from に含めないことで，戻り値から g と u を取り除いている．

```
## 散布図用のデータ
rbind(ip_est_b, ip_est_n) %>%
  pivot_longer(cols = c(a, b),
               names_to = "parameter",
               values_to = "estimate") %>%
  pivot_wider(id_cols = c(item_id, parameter),  # ワイド型での主キー
              names_from = form_id,   # 新しい変数の名前を含む列
              values_from = estimate) %>%    # 新しい変数の値を含む列
  print() # 欠測が存在する（欠測＝冊子固有の項目）
```

```
## # A tibble: 150 x 4
##   item_id parameter  F0001 F0004
##   <chr>   <chr>      <dbl> <dbl>
## 1 M100025 a           1.59    NA
## 2 M100025 b           0.110   NA
```

```
## 3 M100021 a            1.72     NA
## 4 M100021 b           -1.22     NA
## 5 M100015 a            1.54     NA
## # ... with 145 more rows
```

　最後に drop_na 関数で基準冊子 F0001 と新冊子 F0004 のいずれかが欠測になっている行を削除する．これにより両冊子の推定値を持つ項目，つまり共通項目のみを抽出することができる（どちらかが欠測しているのは各冊子に固有の項目である）．

```
## 散布図用のデータ
data_gg <-
  rbind(ip_est_b, ip_est_n) %>%
  pivot_longer(cols = c(a, b),
               names_to = "parameter",
               values_to = "estimate") %>%
  pivot_wider(id_cols = c(item_id, parameter),
              names_from = form_id,
              values_from = estimate) %>%
  drop_na(F0001, F0004) %>%
  print()
```

```
## # A tibble: 50 x 4
##   item_id parameter  F0001   F0004
##   <chr>   <chr>      <dbl>   <dbl>
## 1 M100055 a           1.89    1.50
## 2 M100055 b          -1.60   -2.01
## 3 M100059 a           1.43    1.49
## 4 M100059 b          -0.296  -0.292
## 5 M100100 a           1.95    1.97
## # ... with 45 more rows
```

　このデータを使って散布図を描くスクリプトは次の通りである．基本的に P-value のときと同じスクリプトだが，facet_wrap 関数でサブプロットを作っている点が異なっている．facet_wrap の引数 scales はサブプロットごとにグラフの尺度を変えるためのもので，scales = "free" とすることで縦軸・横軸ともにサブプロットごとに表示させる軸の範囲を変えることができる．

```
## 散布図生成用のスクリプト (図 10.2)
ggplot(data_gg, aes(F0001, F0004)) +
  facet_wrap(~ parameter, scales = "free", labeller = label_both) +
  geom_smooth(method = "lm", formula = y ~ x, se = FALSE) +
  geom_point() +
  geom_text_repel(aes(label = item_id), size = 3) +
  labs(x = "Form B (2021)", y = "Form N (2022)")
```

この時点では等化を行っていないので年度間で項目パラメータを比較することはできない

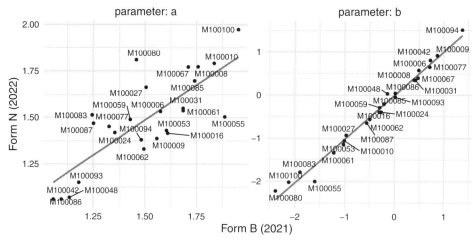

図 **10.2**　項目パラメータ推定値の散布図（等化前）（再掲）

が，2 つの冊子が同じ能力を測定できていれば，困難度・識別力ともに冊子間で線形の関係（正の相関関係）にあることが期待される．この散布図も P-value の散布図のように共通項目の安定度を評価する際に補助的に用いる．例えば D^2 法で除外すべきだと判断されるような共通項目は相対的に回帰直線から離れた所にあることが多い．

最後に受検者パラメータを推定しておく[*3]．受検者パラメータの推定には mirt パッケージの fscores 関数を用いることができる．今回はデフォルトの事後期待値（expected a posteriori; EAP）を推定法として採用する．

```
## 能力パラメータの推定（EAP）
## as.numeric によってベクトル化
theta_est_b <- fscores(fit_b) %>% as.numeric()
theta_est_n <- fscores(fit_n) %>% as.numeric()
```

10.5　plink パッケージを使った等化

ここからは plink パッケージを使い IRT に基づいた等化を行う．まずは plink 関数に必要な irt.pars オブジェクトを as.irt.pars 関数を使って作成する．as.irt.pars 関数は 4 つの引数 (x, common, cat, poly.mod) を必要とする．以下ではこれらを順に作成していく．

1 つ目の引数 x は冊子ごとに項目パラメータの行列が含まれているリストである．以下のスクリプトでは最初に list 関数でリストオブジェクトを作り，purrr パッケージの map 関数を使ってリストの要素ごとに select 関数を適用し，識別力パラメータ a，困難度パラメータ b，当て推量パラメータ g をこの順で抽出している．

```
## 冊子ごとの項目パラメータ推定値
library(plink)
ip_list <-
  list(F0001 = ip_est_b, F0004 = ip_est_n) %>%
```

[*3]　この作業はオプションだが，やっておくと後々の変換作業が楽になる．

```
map(select, a, b, g) %>%    # purrr::map を使ってリストの各要素に select を適用
print()
```

```
## $F0001
## # A tibble: 50 x 3
##       a      b     g
##    <dbl>  <dbl> <dbl>
## 1  1.59   0.110     0
## 2  1.72  -1.22      0
## 3  1.54  -0.477     0
## 4  1.49   1.13      0
## 5  1.98  -2.16      0
## # ... with 45 more rows
##
## $F0004
## # A tibble: 50 x 3
##       a      b     g
##    <dbl>  <dbl> <dbl>
## 1 1.27   -0.743     0
## 2 1.17   -0.541     0
## 3 1.49   -1.90      0
## 4 0.991   0.332     0
## 5 1.28    0.655     0
## # ... with 45 more rows
```

次に 2 つ目の引数 common のために共通項目の出題位置を行列またはデータフレームで用意する．このとき各行が 1 つの共通項目を表し，1 列目が基準冊子内での出題位置，2 列目が新冊子内での出題位置になるようにする．以下のスクリプト例では冊子情報を持つオブジェクト form_b と form_n を inner_join 関数で結合することで共通項目の出題位置 order を取得している．

```
## 共通項目の冊子内位置
## 変数名が重複するので.x や.y のような接尾語（suffix）が付く
anc_order <-
  inner_join(form_b, form_n, by = "item_id") %>%
  select(F0001 = order.x, F0004 = order.y) %>%
  print()
```

```
## # A tibble: 25 x 2
##    F0001 F0004
##    <dbl> <dbl>
## 1      6     6
## 2      7     7
## 3      8     8
## 4     10    10
## 5     11    11
```

```
## # ... with 20 more rows
```

　3つ目の引数 cat は各項目のカテゴリー数を指定するためのもので，各冊子が1つの要素
となるようにリストとして指定する．ここでは全項目が2値モデル（2PL モデル）に従うと
仮定しているので，長さが項目数と等しい，2のみを含むベクトルを2つ用意する．

```
## cat: カテゴリー数
categ <-
  list(F0001 = rep(2, nrow(form_b)),
       F0004 = rep(2, nrow(form_n))) %>%
  print(width = 50)
```

```
## $F0001
##  [1] 2 2 2 2 2 2 2 2 2 2 2 2 2 2 2 2 2 2 2 2 2 2 2
## [24] 2 2 2 2 2 2 2 2 2 2 2 2 2 2 2 2 2 2 2 2 2 2 2
## [47] 2 2 2 2
##
## $F0004
##  [1] 2 2 2 2 2 2 2 2 2 2 2 2 2 2 2 2 2 2 2 2 2 2 2
## [24] 2 2 2 2 2 2 2 2 2 2 2 2 2 2 2 2 2 2 2 2 2 2 2
## [47] 2 2 2 2
```

　4つ目の引数は poly.mod で，各項目のモデルを指定する役割を持っている．これも各冊
子を要素とするリストとして指定する．引数 poly.mod には poly.mod クラスのオブジェク
トを与える必要があり，そのために as.poly.mod 関数を用いる．as.poly.mod 関数の引数
は n（項目数），model（IRT モデル），items（どの項目がどのモデルなのかを表す引数）の
3つであり，このうち model は2値モデルを表す drm（dichotomous response models）を指
定するが[*4)]，items は2値モデルのみなので今回は指定する必要はない．

```
## poly.mod: IRT モデル（結果の表示は省略）
mod <-
  list(F0001 = as.poly.mod(nrow(form_b)),
       F0004 = as.poly.mod(nrow(form_b)))
```

　最後に，上記4つのオブジェクトを as.irt.pars 関数に投入し，irt.pars クラスのオブ
ジェクトを得る．なお，この段階で引数 grp.names によってグループ名（冊子名）を指定す
ることができる．

```
## irt.pars オブジェクトの作成（結果の表示は省略）
irt_pars <-
  as.irt.pars(x = ip_list,
              common = anc_order,
              cat = categ,
              poly.mod = mod,
```

---

*4)　デフォルト値が drm であるため，今回の場合は明示的に指定する必要はない．

```
           grp.names = c("F0001", "F0004"))
```

準備が整ったところで，次は等化係数を plink 関数で求める．次のスクリプト例では plink
関数で等化係数を推定し，結果を fit_plink という名前のオブジェクトに保存している．デ
フォルトでは plink 関数は mean/mean 法，mean/sigma 法，Haebara 法，Stocking & Lord
法の 4 種類の方法で等化係数を推定している（推定手法は引数 method で選択可能である）．
また，実際に項目パラメータの変換に用いる手法は引数 rescale で指定することができる．
例では Stocking & Lord 法での推定値を用いて項目パラメータを変換するよう指定している
（rescale = "SL"）[5]．引数 base.grp は等化の際に基準となるグループ（冊子）を指定す
るものであり，この例では 1 つ目のグループ F0001 が基準冊子なので base.grp = 1 と指定
している．引数 ability は等化係数の推定に必須ではないが，指定しておくと後に等化後の
尺度に変換された能力パラメータを link.ability 関数で求めることができるようになる．

```
## 等化係数の推定
fit_plink <-
  plink(irt_pars, rescale = "SL", base.grp = 1,
        ability = list(theta_est_b, theta_est_n))

## 等化係数の推定値と変換後の能力パラメータの記述統計
summary(fit_plink)
```

```
## -------   F0004/F0001*  -------
## Linking Constants
##
##                       A        B
## Mean/Mean        0.989604 0.014508
## Mean/Sigma       0.980708 0.011148
## Haebara          0.983625 0.015432
## Stocking-Lord    0.982289 0.024778
##
## Ability Descriptive Statistics
##
##          F0001   F0004
## Mean -0.0003  0.0244
## SD    0.9668  0.9477
## Min  -2.9391 -2.7178
## Max   2.5754  2.5070
```

等化後の項目パラメータ（新冊子 F0004）を取得するには link.pars 関数を fit_plink
に適用する（次のスクリプト例を参照せよ）．link.pars 関数からの出力は長さ 2 のリスト
になっており，第 1 要素がグループ 1 の項目パラメータ（今回の場合は冊子 F0001 の項目パ
ラメータ，変換なし），第 2 要素がグループ 2 の項目パラメータ（今回の場合は冊子 F0004 の
項目パラメータ，変換後）となっている．そのため，例では link.pars 関数に続いて purrr

---

[5]　mean/mean 法の場合は MM，mean/sigma 法の場合は MS，Haebara 法の場合は HB と指定する．

パッケージの pluck 関数で第 2 要素（要素名 F0004）を引き出している．さらに次の行では
行列（配列）として抽出された冊子 F0004 の変換後の項目パラメータを tibble オブジェク
トに変換し，さらに mutate 関数で項目 ID を追加，最後に select 関数で変数名の変更と列
の並び替えを同時に行っている．

```
## 等化後の項目パラメータ
ip_eq_n <-
  link.pars(fit_plink) %>%
  pluck("F0004") %>%
  as_tibble() %>%
  mutate(item_id = form_n$item_id) %>%
  select(item_id, a = V1, b = V2, g = V3) %>%
  print()
```

```
## # A tibble: 50 x 4
##   item_id     a      b     g
##   <chr>   <dbl>  <dbl> <dbl>
## 1 M100029  1.29 -0.705     0
## 2 M100007  1.19 -0.506     0
## 3 M100089  1.52 -1.85      0
## 4 M100013  1.01  0.351     0
## 5 M100003  1.31  0.668     0
## # ... with 45 more rows
```

10.6　D^2 による共通項目の安定度の評価

　共通項目の項目パラメータを同じ尺度に合わせることができたら，項目パラメータの安定
度の評価を D^2 法で行う．
　はじめに等化後の項目パラメータのみを含むオブジェクトを冊子ごとに作る．

```
## 等化後の共通項目のパラメータ
## 基本冊子
ip_anc_b <-
  ip_est_b %>%
  filter(item_id %in% anchor_id) %>%
  select(item_id, a, b, g, form_id) %>%
  print()
```

```
## # A tibble: 25 x 5
##   item_id     a      b     g form_id
##   <chr>   <dbl>  <dbl> <dbl> <chr>
## 1 M100055  1.89 -1.60      0 F0001
## 2 M100059  1.43 -0.296     0 F0001
## 3 M100100  1.95 -2.12      0 F0001
## 4 M100053  1.60 -1.03      0 F0001
## 5 M100062  1.49 -0.497     0 F0001
```

```
## # ... with 20 more rows
```

```
## 新冊子
ip_anc_n_eq <-
  ip_eq_n %>%
  filter(item_id %in% anchor_id) %>%
  select(item_id, a, b, g) %>%
  mutate(form_id = "F0004") %>%
  print()
```

```
## # A tibble: 25 x 5
##   item_id       a      b     g form_id
##   <chr>     <dbl>  <dbl> <dbl> <chr>
## 1 M100055    1.53  -1.94     0 F0004
## 2 M100059    1.52 -0.262     0 F0004
## 3 M100100    2.01  -1.96     0 F0004
## 4 M100053    1.45  -1.10     0 F0004
## 5 M100062    1.35 -0.528     0 F0004
## # ... with 20 more rows
```

　これらのオブジェクトを使って項目ごとの D^2 を計算していく．まず求積点の間隔（幅）を
Delta として設定し，それを用いて求積点を指定する（theta）．ここでは $[-3,3]$ の範囲で
0.1 ごとに設定している．次に各求積点 θ_q の重み $w(\theta_q)$ を求める．今回は標準正規分布の各
θ_q での確率密度に求積点の幅 Delta を掛けたものを重みとして用い，w としてデータフレー
ム（tibble）に加える（ここで w は和が 1 になるよう標準化された重みを表す）．

```
## 求積点ごとの重みの計算
Delta <- 0.1  # 求積点の間隔
tibble(theta = seq(-3, 3, Delta)) %>%
  mutate(w = dnorm(theta) * Delta) %>%   # w: 重み
  print()
```

```
## # A tibble: 61 x 2
##   theta       w
##   <dbl>   <dbl>
## 1  -3   0.000443
## 2  -2.9 0.000595
## 3  -2.8 0.000792
## 4  -2.7 0.00104
## 5  -2.6 0.00136
## # ... with 56 more rows
```

　次に plink パッケージの関数 drm と等化結果のオブジェクトを用いて，各求積点 θ_q での
項目期待正答率 $P_j(\theta_q)$ をすべての項目について求める．

```
## 求積点ごとの D2 の計算
Delta <- 0.1  # 求積点の間隔
tibble(theta = seq(-3, 3, Delta)) %>%
  mutate(w = dnorm(theta) * Delta,
         Pb = drm(select(ip_anc_b, a, b, g), theta,
                  item_names = ip_anc_b$item_id)@prob[, -1],
         Pn = drm(select(ip_anc_n_eq, a, b, g), theta,
                  item_names = ip_anc_n_eq$item_id)@prob[, -1]) %>%
  print()
```

```
## # A tibble: 61 x 4
##    theta       w Pb$item_1.1 $item_2.1 $item_3.1 $item_4.1 Pn$item_1.1
##    <dbl>   <dbl>      <dbl>     <dbl>     <dbl>     <dbl>      <dbl>
## 1  -3   0.000443     0.0668    0.0206     0.153    0.0405      0.166
## 2  -2.9 0.000595     0.0796    0.0236     0.180    0.0472      0.188
## 3  -2.8 0.000792     0.0946    0.0272     0.210    0.0549      0.213
## 4  -2.7 0.00104      0.112     0.0312     0.244    0.0639      0.239
## 5  -2.6 0.00136      0.132     0.0358     0.282    0.0742      0.268
## # ... with 56 more rows, and 45 more variables: Pb$item_5.1 <dbl>,
## #   $item_6.1 <dbl>, $item_7.1 <dbl>, $item_8.1 <dbl>,
## #   $item_9.1 <dbl>, ...
```

　このとき，結果の列数が 4 になっていることに注意したい．列数が 4 ということは基準冊子に含まれる 50 項目の期待正答率 Pb と新冊子の期待正答率 Pn がそれぞれ 1 つの変数として扱われているということを意味している．言い換えると，61×25 のデータフレームが 1 つの「列」として扱われているということである．このようにデータフレームが 1 つの変数として扱われることで，D^2_{jq}（各項目・各求積点での D^2）は直感的に D2iq = w * (Pb - Pn)^2 とすることで求めることが可能になる．

```
## 求積点ごとの D2 の計算
Delta <- 0.1  # 求積点の間隔
tibble(theta = seq(-3, 3, Delta)) %>%
  mutate(w = dnorm(theta) * Delta,
         Pb = drm(select(ip_anc_b, a, b, g), theta,
                  item_names = ip_anc_b$item_id)@prob[, -1],
         Pn = drm(select(ip_anc_n_eq, a, b, g), theta,
                  item_names = ip_anc_n_eq$item_id)@prob[, -1],
         D2jq = w * (Pb - Pn)^2) %>%
  print()
```

```
## # A tibble: 61 x 5
##    theta       w Pb$item_1.1 $item_2.1 Pn$item_1.1 D2jq$item_1.1
##    <dbl>   <dbl>      <dbl>     <dbl>      <dbl>        <dbl>
## 1  -3   0.000443     0.0668    0.0206      0.166     0.00000435
## 2  -2.9 0.000595     0.0796    0.0236      0.188     0.00000702
## 3  -2.8 0.000792     0.0946    0.0272      0.213     0.0000110
```

```
## 4  -2.7 0.00104        0.112      0.0312        0.239    0.0000169
## 5  -2.6 0.00136        0.132      0.0358        0.268    0.0000252
## # ... with 56 more rows, and 71 more variables: Pb$item_3.1 <dbl>,
## #   $item_4.1 <dbl>, $item_5.1 <dbl>, $item_6.1 <dbl>,
## #   $item_7.1 <dbl>, ...
```

最後に項目ごとに D_j^2 を求めるために，D2jq のみを pull 関数で抜き出して列和を取る．

```
## 各項目の D2
Delta <- 0.1
tibble(theta = seq(-3, 3, Delta)) %>%
  mutate(w = dnorm(theta) * Delta,
         Pb = drm(select(ip_anc_b, a, b, g), theta,
                  item_names = ip_anc_b$item_id)@prob[, -1],
         Pn = drm(select(ip_anc_n_eq, a, b, g), theta,
                  item_names = ip_anc_n_eq$item_id)@prob[, -1],
         D2jq = w * (Pb - Pn)^2) %>%
  pull(D2jq) %>%
  colSums()
```

```
##     item_1.1     item_2.1     item_3.1     item_4.1     item_5.1
## 2.116589e-03 1.541278e-04 4.911725e-04 2.606776e-04 2.591529e-04
##     item_6.1     item_7.1     item_8.1     item_9.1    item_10.1
## 5.102537e-04 3.097033e-04 5.144054e-04 9.557773e-05 2.041463e-03
##    item_11.1    item_12.1    item_13.1    item_14.1    item_15.1
## 9.175637e-04 2.565361e-04 3.594213e-06 3.820793e-04 1.324387e-03
##    item_16.1    item_17.1    item_18.1    item_19.1    item_20.1
## 4.995269e-04 6.062919e-05 6.845728e-04 3.307914e-04 4.084798e-04
##    item_21.1    item_22.1    item_23.1    item_24.1    item_25.1
## 3.425997e-04 1.240742e-04 1.702475e-04 4.848691e-04 9.346762e-05
```

D_j^2 の計算自体はこれで完了しているが，このあとの処理のためにオブジェクトをロング型のデータフレームに変形し，D2 という名前で保存する．

```
## ロング型データフレームへの変更・保存
Delta <- 0.1
D2 <-
  tibble(theta = seq(-3, 3, Delta)) %>%
  mutate(w = dnorm(theta) * Delta,
         Pb = drm(select(ip_anc_b, a, b, g), theta,
                  item_names = ip_anc_b$item_id)@prob[, -1],
         Pn = drm(select(ip_anc_n_eq, a, b, g), theta,
                  item_names = ip_anc_n_eq$item_id)@prob[, -1],
         D2jq = w * (Pb - Pn)^2) %>%
  pull(D2jq) %>%
  colSums() %>%
  set_names(ip_anc_b$item_id) %>%
```

```
  as_tibble(rownames = "item_id") %>%
  set_names(c("item_id", "D2j")) %>%
  print()
```

```
## # A tibble: 25 x 2
##    item_id        D2j
##    <chr>        <dbl>
## 1 M100055 0.00212
## 2 M100059 0.000154
## 3 M100100 0.000491
## 4 M100053 0.000261
## 5 M100062 0.000259
## # ... with 20 more rows
```

　各項目の D^2 が計算できたら，D_j^2 が平均 + 2SD より大きい項目がないかチェックする．今回はオブジェクト D2 に不安定な項目を示すフラグ変数 flag を追加している．

```
## D2 が平均 + 2SD より大きい項目にフラグを立てる
D2$flag <- D2$D2j > mean(D2$D2j) + 2 * sd(D2$D2j)
```

　今回，D^2 法で不安定だと判断された共通項目は次の通りである．

```
## フラグが立った項目の推定値を表示
rbind(ip_anc_b, ip_anc_n_eq) %>%
  inner_join(D2) %>%
  filter(flag) %>%
  arrange(D2j)
```

```
## # A tibble: 4 x 7
##    item_id      a       b      g form_id     D2j flag
##    <chr>    <dbl>   <dbl>  <dbl> <chr>     <dbl> <lgl>
## 1 M100048   1.13 -0.138       0 F0001   0.00204 TRUE
## 2 M100048   1.09  0.0564      0 F0004   0.00204 TRUE
## 3 M100055   1.89 -1.60        0 F0001   0.00212 TRUE
## 4 M100055   1.53 -1.94        0 F0004   0.00212 TRUE
```

　具体的に等化がうまくいっていないと疑われる項目がわかったら，次はどの程度等化がうまくいっていないのかを ICC を描いて視覚的に把握する．

```
## フラグが立った項目のパラメータ推定値と D2
ip_flagged <-
  rbind(ip_anc_b, ip_anc_n_eq) %>%
  inner_join(D2, by = "item_id") %>%
  filter(flag) %>%
  pivot_wider(id_cols = c(item_id, D2j),
              names_from = form_id,
              values_from = c(a, b)) %>%
```

```
    print()
```

```
## # A tibble: 2 x 6
##   item_id      D2j a_F0001 a_F0004 b_F0001 b_F0004
##   <chr>      <dbl>   <dbl>   <dbl>   <dbl>   <dbl>
## 1 M100055 0.00212    1.89    1.53   -1.60   -1.94
## 2 M100048 0.00204    1.13    1.09  -0.138  0.0564
```

```
## プロット用のデータ
theta <- seq(-4, 4, 0.1)
data_gg <-
  rbind(ip_anc_b, ip_anc_n_eq) %>%
  inner_join(D2, by = "item_id") %>%
  filter(flag) %>%
  group_by(form_id, item_id) %>%
  mutate(P = list(drm(cbind(a, b), theta)@prob)) %>%
  unnest(P) %>%
  rename(theta = theta1, prob = item_1.1) %>%
  print()
```

```
## # A tibble: 324 x 9
## # Groups:   form_id, item_id [4]
##   item_id      a     b     g form_id     D2j flag  theta   prob
##   <chr>    <dbl> <dbl> <dbl> <chr>     <dbl> <lgl> <dbl>  <dbl>
## 1 M100055   1.89 -1.60     0 F0001   0.00212 TRUE     -4 0.0108
## 2 M100055   1.89 -1.60     0 F0001   0.00212 TRUE   -3.9 0.0130
## 3 M100055   1.89 -1.60     0 F0001   0.00212 TRUE   -3.8 0.0156
## 4 M100055   1.89 -1.60     0 F0001   0.00212 TRUE   -3.7 0.0188
## 5 M100055   1.89 -1.60     0 F0001   0.00212 TRUE   -3.6 0.0226
## # ... with 319 more rows
```

このデータを用い，冊子ごと（パラメータの組ごと）に ICC を描くと次のようになる．

```
## 項目パラメータドリフトが疑われる項目の ICC（図 10.3）
ggplot(data_gg, aes(theta, prob)) +
  facet_wrap(~ item_id, scales = "free") +
  geom_line(aes(linetype = form_id))
```

グラフからわかるように，M100048 は新冊子の困難度パラメータが基準冊子よりもやや高いが識別力パラメータがあまり冊子間で変わらないため，新冊子の ICC が右側へ平行移動したような形になっている．一方で M100055 は困難度パラメータ・識別力パラメータともに異なっているため，ICC の形状が冊子によって大きく異なっている（基準冊子の方が識別力と困難度が高い）．

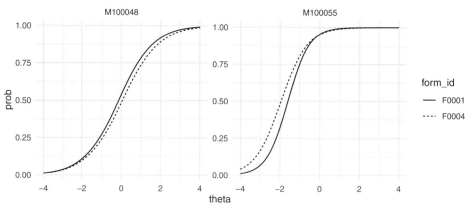

図 **10.3**　D^2 によってフラグが立った項目の ICC

10.7　純化・再等化

前節では D^2 法で 2 つの共通項目（M100048，M100055）が安定してないと判断された．そこで D^2 の値が最も高かった M100048 を除外し，残りの共通項目を元に等化係数を再度求める．そして更新された等化係数を使って 2022 年の冊子の項目パラメータを 2021 年の冊子の尺度に合わせ，再度 D^2 法で残りの共通項目の項目パラメータの安定度を評価する．この項目の除外・等化係数の再推定・D^2 の再計算をフラグが立たなくなるまで繰り返すことでより正確な等化係数を求めることを「純化」（purification）という [*6]．

下記のスクリプトでは repeat 構文によって純化を行っている．基本的には前節のスクリプトと同じであるが，plink 関数の引数 exclude によって共通項目セットをコントロールする部分と，最後に純化を継続するかどうかを判定している部分が追加されている．

```
## repeat を用いた純化の自動化スクリプト
item_rm <- ip_flagged$item_id[which.max(ip_flagged$D2i)]  # 最初の除外アンカー
Delta <- 0.1  # D2 を計算するときの求積点の幅
repeat {
  ## 等価係数の再推定
  ## exclude を使って共通項目セットをコントロール
  fit_plink_pure <-
    plink(irt_pars, method = "SL", rescale = "SL",
          exclude = list(match(item_rm, ip_anc_b$item_id),
                         match(item_rm, ip_anc_n_eq$item_id)),
          ability = list(theta_est_b, theta_est_n))

  ## 等化後の項目パラメータの抽出（共通項目のみ）
  ip_eq_n_pure <-
    link.pars(fit_plink_pure) %>%
    pluck("F0004") %>%
    as_tibble() %>%
```

[*6]　純化は特異項目機能（differential item functioning; DIF）の分析でもよく用いられる．

```
    mutate(item_id = form_n$item_id) %>%
    select(item_id, a = V1, b = V2, g = V3) %>%
    filter(item_id %in% ip_anc_n_eq$item_id, !item_id %in% item_rm)
  ip_b_pure <-
    ip_est_b %>%
    filter(item_id %in% ip_anc_b$item_id, !item_id %in% item_rm)
  ## D2 の再計算
  D2_pure <-
    tibble(theta = seq(-3, 3, Delta)) %>%
      mutate(w = dnorm(theta) * Delta,
             Pb = drm(select(ip_b_pure, a, b, g), theta,
                      item_names = ip_anc_b$item_id)@prob[, -1],
             Pn = drm(select(ip_eq_n_pure, a, b, g), theta,
                      item_names = ip_anc_n_eq$item_id)@prob[, -1],
             D2jq = w * (Pb - Pn)^2) %>%
      pull(D2jq) %>%
      set_names(setdiff(ip_anc_b$item_id, item_rm)) %>%
      colSums()
  ## D2 による再判定
  D2_flag <- D2_pure > mean(D2$D2j) + 2 * sd(D2$D2j)
  ## 純化を継続するかどうかの判定
  if (sum(D2_flag) == 0) {  # フラグがない場合
    break
  } else {
    item_rm <- union(item_rm, names(D2_pure)[which.max(D2_pure)])  # 除外項目を追加
  }
}
```

　純化によって除外する項目を最終決定したら，残った共通項目によって推定された等化係数を eq_const_fin として保存する．さらにその等化係数に基づく項目パラメータも抽出する（ip_eq_n_fin）．

```
## 最終版の等化係数
eq_const_fin <- link.con(fit_plink_pure) %>% as.data.frame()

## 最終版の項目パラメータ（等化後）
ip_eq_n_fin <-
  link.pars(fit_plink_pure) %>%
  pluck("F0004") %>%
  as.data.frame() %>%
  transmute(item_id = form_n$item_id, a = V1, b = V2)
```

　最後に除外項目の ID や純化前後の等化係数，項目パラメータを確認・比較する．

```
print(item_rm)  # 最終的な除外項目
```

```
## [1] "M100055" "M100048"
```

```
link.con(fit_plink, method = "SL")   # 全項目で推定した等化係数
```

```
##                       A        B
## Stocking-Lord 0.982289 0.024778
```

```
print(eq_const_fin)  # 純化後の等化係数
```

```
##                       A        B
## Stocking-Lord 0.985858 0.023829
```

```
## 項目パラメータを等化前後で比較
inner_join(ip_eq_n, ip_eq_n_fin,
           by = "item_id",
           suffix = c("_org", "_fin")) %>%
  select(item_id, a_org, a_fin, b_org, b_fin)
```

```
## # A tibble: 50 x 5
##    item_id a_org a_fin  b_org  b_fin
##    <chr>   <dbl> <dbl>  <dbl>  <dbl>
## 1 M100029  1.29  1.28  -0.705 -0.709
## 2 M100007  1.19  1.19  -0.506 -0.509
## 3 M100089  1.52  1.52  -1.85  -1.85
## 4 M100013  1.01  1.01   0.351  0.351
## 5 M100003  1.31  1.30   0.668  0.670
## # ... with 45 more rows
```

10.8　インパクト分析

　　実務で等化を行う場合，インパクト分析（impact analysis）を行って結果の妥当性を確認することは非常に重要である (Kolen and Brennan, 2014)．インパクト分析とは，受検者グループの平均得点や到達度を過去の情報と照らし合わせ，結果が想定内であるかどうかを検証することである．例えば年度間でカリキュラムの大きな変化がない場合，到達度レベルの分布は大きく変化しないと考えられる．これを実際のデータで確認することがインパクト分析となる．本章では 2021 年と 2022 年の 1 年生について，能力パラメータの記述統計を表にまとめ，さらに到達度の分布を積み上げ棒グラフでまとめる．

　　まず前節で求めた最終的な等化係数を用いて，新冊子で受検した生徒の能力パラメータを基準冊子の尺度に揃える．この尺度の変換は $\theta_B^* = A\theta_N + K$ と表せるので簡単に自分で変換することもできるし，plink 関数の引数 ability を指定していれば link.ability 関数を使って変換後の能力パラメータを引き出すこともできる．

```
## 最終的な等化係数を用いて能力パラメータを変換
theta_est_eq <-
  link.ability(fit_plink_pure) %>%  # 長さ 2 のリスト（各要素は行列）
  map(as_tibble) %>%  # 各要素を tibble 化
  print()
```

```
## $F0001
## # A tibble: 1,000 x 1
##     value
##     <dbl>
## 1 -0.701
## 2 -0.862
## 3  0.313
## 4 -0.251
## 5  0.834
## # ... with 995 more rows
##
## $F0004
## # A tibble: 1,000 x 1
##      value
##      <dbl>
## 1  0.389
## 2 -0.842
## 3 -0.167
## 4 -0.0492
## 5  1.73
## # ... with 995 more rows
```

　記述統計の表は group_by 関数と summarize 関数の組み合わせで作ることができるが，その前に theta_est_eq の各要素を bind_rows 関数で行方向に積み上げることが必要になる．このとき，各行がどちらの要素（基準冊子・新冊子）から来たものかを表す変数を引数 .id によって追加する．

```
## 要約関数
fun_list <-
  list(M = mean, SD = sd, Min = min, Q1 = ~ quantile(.x, 0.25),
       Med = median, Q3 = ~ quantile(.x, 0.75), Max = max)
## 能力パラメータの記述統計
theta_est_eq %>%
  bind_rows(.id = "form_id") %>%   # リストの要素を行方向に積み上げる
  group_by(form_id) %>%
  summarize(across(value, fun_list, .names = "{.fn}"))
```

```
## # A tibble: 2 x 8
##   form_id         M     SD   Min      Q1     Med    Q3   Max
##   <chr>       <dbl>  <dbl> <dbl>   <dbl>   <dbl> <dbl> <dbl>
## 1 F0001   -0.000327 0.967 -2.94 -0.670  0.0224 0.648  2.58
## 2 F0004     0.0235  0.951 -2.73 -0.601  0.0101 0.649  2.52
```

　次に到達度の分布を積み上げ棒グラフ（図 10.4）で表現するために到達度ごとの生徒数とその割合（パーセンテージ）を求める．到達度は能力パラメータの推定値が −0.2 未満の場合には C，−0.2 以上 0.7 未満の場合には B，0.7 以上の場合には A と分類されることとす

る．以下のスクリプト例ではリストの要素を行方向に積み上げてデータフレームにした後に
case_when 関数を使って到達度（習熟度; proficiency）を求め，count 関数で描く到達度レ
ベルの頻度を求めている．そこからさらに積み上げ棒グラフ上に当該パーセンテージを表示
するために p および lab_x を計算している．ここで p はパーセンテージ，lab_x はパーセン
テージを表示させる位置を表す変数である．

```
## グラフ用のデータを準備
data_gg <-
  theta_est_eq %>%
  bind_rows(.id = "form") %>%
  mutate(proficiency = case_when(
    value >= 0.7 ~ "A",
    value >= -0.2 ~ "B",
    TRUE ~ "C")) %>%
  count(form, proficiency) %>%
  arrange(form, desc(proficiency)) %>%
  group_by(form) %>%
  mutate(p = 100 * n / sum(n),
         lab_x = cumsum(p) - p / 2) %>%
  print()
```

```
## # A tibble: 6 x 5
## # Groups:   form [2]
##   form  proficiency     n     p lab_x
##   <chr> <chr>       <int> <dbl> <dbl>
## 1 F0001 C             426  42.6  21.3
## 2 F0001 B             341  34.1  59.6
## 3 F0001 A             233  23.3  88.4
## 4 F0004 C             394  39.4  19.7
## 5 F0004 B             370  37    57.9
## 6 F0004 A             236  23.6  88.2
```

　　実際にグラフを作るスクリプトは以下の通りである．ここでは横向きの棒グラフを作るた
めに x にパーセンテージ，y に冊子を割り当てている．また，データがすでにパーセンテージ
を含んでおり改めて統計的処理で計算する必要がないため，geom_bar ではなく geom_col を
用いている（geom_bar を用いる場合は stat = "identity"が必要になる）．geom_text 関
数はパーセンテージを表示させるために使われており，ラベルの表示位置（水平位置）を x
= lab_x で上書きしている．

```
## 到達度の分布を積み上げ棒グラフで表示（図 10.4）
ggplot(data_gg, aes(x = p, y = form)) +
  geom_col( aes(fill = proficiency), width = 0.5) +
  geom_text(aes(x = lab_x, label = sprintf("%.01f%%", p))) +
  scale_fill_grey(start = 0.5) +
  labs(x = "%")
```

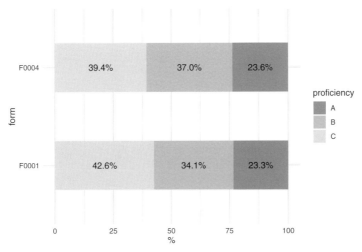

図 10.4　インパクト分析（到達度分布の経年変化）

10.9　章 の ま と め

　本章では等化を題材に，本書で扱ってきた一連の分析の総復習を行った．これらの分析は非常に実践的になっているので，ぜひ自身で分析スクリプトと分析レポートを書いてほしい．また，本章の内容で理解が進んでいないと感じた部分については対応する章の内容を復習しておこう．

　本章の発展的な内容としては，今回個別推定＋特性曲線法で行った等化を固定推定法や同時調整法（同時推定法）で行ってみて，新冊子のみに含まれている項目のパラメータや能力パラメータが等化手法ごとにどう変わってくるかを調べてみるということが考えられる．固定推定法は検証的分析（推定）を利用するので第 6 章の内容が参考になる．また，同時調整法で等化を行うには 2 年分の反応データを 1 つの大きな行列にまとめる必要があるが，この処理には第 4 章で扱った join 関数や pivot 関数が利用できる．そして推定結果の比較には dplyr パッケージによる要約や ggplot2 パッケージによる視覚的比較が有用だろう．いずれの分析においても必要なテクニックは本書ですでに解説済みであるので，興味のある読者はぜひチャレンジしてみてほしい．

参 考 文 献

Carlson, J. E. (2011). Statistical models for vertical linking. In A. A. von Davier (Ed.), *Statistical models for test equating, scaling, and linking* (pp. 59–88). Springer.

Chalmers, R. P. (2012). mirt: A multidimensional item response theory package for the R environment. *Journal of Statistical Software, 48*(6), 1–29. https://doi.org/10.18637/jss.v048.i06

Cizek G. J. (Ed.). (2012). *Setting performance standards: Foundations, methods, and innovations.* Routledge.

Cook L. L. and Petersen, N. S. (1987). Problems related to the use of conventional and item response theory equating methods in less than optimal circumstances. *Applied Psychological Measurement, 11*(3), 225–244. https://doi.org/10.1177/014662168701100302

Haebara, T. (1980). Equating logistic ability scales by a weighted least squares method. *Japanese Psychological Research, 22*(3), 144–149. https://doi.org/10.4992/psycholres1954.22.144

Hambleton, R. K., Swaminathan, H., and Roger, J. H. (1991). *Fundamentals of item response theory.* Sage.

Hanson, B. A. and Béguin, A. A. (2002). Obtaining a common scale for item response theory item parameters using separate versus concurrent estimation in the common-item equating design. *Applied Psychological Measurement, 26*(1), 3–24. https://doi.org/10.1177/0146621602026001001

Hori, K., Fukuhara H., and Yamada, T. (2022). Item response theory and its applications in educational measurement Part I: Item response theory and its implementation in R. *WIREs Computational Statistics, 14*(2), e1531. https://doi.org/10.1002/wics.1531

Kolen, M. J. and Brennan, R. L. (2014). *Test equating, scaleing, and linking* (3rd ed.). Springer.

Lord, F. M. and Novick, M. R. (1968). *Statistical theories of mental test scores.* Addison-Wesley.

Loyd, B. H. and Hoover, H. D. (1980). Vertical equating using the Rasch model. *Journal of Educational Measurement, 17*(3), 179–193. https://doi.org/10.1111/j.1745-3984.1980.tb00825.x

Marco, G. L. (1977). Item characteristic curve solutions to three intractable testing problems. *Journal of Educational Measurement, 14*(2), 139–160. https://doi.org/10.1111/j.1745-3984.1977.tb00033.x

Meyers, J. L., Murphy, S., Goodman, J., and Turhan, A. (2012). *The impact of item position change on item parameters and common equating results under the 3PL model.* Paper presented at the Annual Meeting of the National Council on Measurement in Education, Vancouver, British Columbia, Canada.

Revelle, W. (2021). *psych: Procedures for psychological, psychometric, and personality research.* Retrieved from `https://CRAN.R-project.org/package=psych`

Rupp, A. A. and Zumbo, B. D. (2004). A note on how to quantify and report whether IRT parameter invariance holds: When pearson correlations are not enough. *Educational and Psychological Measurement, 64*(4), 588–599. https://doi.org/10.1177/0013164403261051

Rupp, A. A. and Zumbo, B. D. (2006). Understanding parameter invariance in unidimensional IRT models. *Educational and Psychological Measurement, 66*(1), 588–599. https://

doi.org/10.1177/0013164403261051

Stocking, M. L. and Lord, F. M. (1983). Developing a common metric in item response theory. *Applied Psychological Measurement*, *7*(2), 201–210. https://doi.org/10.1177/014662168300700208

Taherbhai, H. and Seo, D. (2013). The philosophical aspects of IRT equating: Modeling drift to evaluate cohort growth in large-scale assessments. *Educational Measurement: Issues and Practice*, *32*(1), 2–14. https://doi.org/10.1111/emip.12000

Weeks, J. P. (2010). plink: An R package for linking mixed-format tests using IRT-based methods. *Journal of Statistical Software*, *35*(12), 1–33. https://doi.org/10.18637/jss.v035.i12

Wells, C. S., Hambleton, R. K., Kirkpatrick, R., and Meng, Y. (2014). An examination of two procedures for identifying consequential item parameter drift. *Applied Measurement in Education*, *27*(3), 214–231. https://doi.org/10.1080/08957347.2014.905786

Wickham, H. (2014a). *Advanced R*. CRC Press.

Wickham, H. (2014b). Tidy data. *Journal of Statistical Software*, *59*(10), 1–23. https://doi.org/10.18637/jss.v059.i10

Wickham, H. and Grolemund, G. (2017). *R for data science: Import, tidy, transform, visualize, and model data*. O'Reilly.

池田央. (1994). 現代テスト理論. 朝倉書店.

池田央. (2007). テストの科学：試験にかかわるすべての人に. 教育測定研究所.

石田基広, 市川太祐, 高柳慎一, 福島真太朗訳. (2016). R 言語徹底解説. 共立出版.（Wickham, H. (2014). *Advanced R*. CRC Press.）

加藤健太郎, 山田剛史, 川端一光. (2014). R による項目反応理論. オーム社.

北野秋男. (2017). 現代米国のテスト政策と教育改革–「研究動向」を中心に–. 教育学研究, *84*(1), 27–37. https://doi.org/10.11555/kyoiku.84.1_27

芝祐順. (1991). 項目反応理論：基礎と応用. 東京大学出版会.

西原史暁. (2017). 整然データとは何か. 情報の科学と技術, *67*(9), 448–453. https://doi.org/10.18919/jkg.67.9_448

間瀬茂. (2014). R プログラミングマニュアル [第 2 版]—R バージョン 3 対応—. 数理工学社.

松村優哉, 湯谷啓明, 紀ノ定保礼, 前田和寛. (2021). 改訂 2 版 R ユーザのための RStudio[実践]入門—tidyverse によるモダンな分析フローの世界—. 技術評論社.

光永悠彦. (2017). テストは何を測るのか：項目反応理論の考え方. ナカニシヤ出版.

索　　引

著者略歴

堀 一輝（ほり かずき）
2021 年　バージニア工科大学大学院教育学研究科博士課程修了
現　在　ベネッセ教育総合研究所主任研究員
　　　　博士（教育研究・評価）

福原弘岳（ふくはら ひろたか）
2009 年　フロリダ州立大学大学院教育心理学科博士課程修了
現　在　ピアソンシニアリサーチサイエンティスト
　　　　博士（教育測定・統計）

山田剛史（やまだ つよし）
2001 年　東京大学大学院教育学研究科博士課程単位取得退学
現　在　横浜市立大学国際教養学部教授
　　　　修士（教育学）

3 人の共著として，以下の論文がある：

山田剛史・堀　一輝・福原弘岳. (2022). 項目反応理論の入門. 精神科, *41*(6), 777–784.

Hori, K., Fukuhara, H., and Yamada, T. (2022). Item response theory and its applications in educational measurement Part I: Item response theory and its implementation in R. *WIREs Computational Statistics*, *14*(2), e1531.

Hori, K., Fukuhara, H., and Yamada, T. (2022). Item response theory and its applications in educational measurement Part II: Theory and practices of test equating in item response theory. *WIREs Computational Statistics*, *14*(3), e1543.

R と RStudio による
教育テストデータの分析

定価はカバーに表示

2023 年 3 月 1 日　初版第 1 刷

著　者	堀　　　一　輝
	福　原　弘　岳
	山　田　剛　史
発行者	朝　倉　誠　造
発行所	株式会社 朝　倉　書　店

東京都新宿区新小川町 6-29
郵 便 番 号　162-8707
電　話　03 (3260) 0141
Ｆ Ａ Ｘ　03 (3260) 0180
https://www.asakura.co.jp

〈検印省略〉

ⓒ 2023 〈無断複写・転載を禁ず〉

中央印刷・渡辺製本

ISBN 978-4-254-12276-3　C 3041

Printed in Japan

Rで学ぶ マルチレベルモデル［入門編］ ―基本モデルの考え方と分析―

尾崎 幸謙・川端 一光・山田 剛史 (編著)

A5判／212ページ　ISBN：978-4-254-12236-7 C3041　定価 3,740 円（本体 3,400 円＋税）

無作為抽出した小学校からさらに無作為抽出した児童を対象とする調査など，複数のレベルをもつデータの解析に有効な統計手法の基礎的な考え方とモデル（ランダム切片モデル／ランダム傾きモデル）を理論・事例の二部構成で実践的に解説。

Rで学ぶ マルチレベルモデル［実践編］ ―Mplus による発展的分析―

尾崎 幸謙・川端 一光・山田 剛史 (編著)

A5判／264ページ　ISBN：978-4-254-12237-4 C3041　定価 4,620 円（本体 4,200 円＋税）

姉妹書［入門編］で扱った基本モデルからさらに展開し，一般化線形モデル，縦断データ分析モデル，構造方程式モデリングへマルチレベルモデルを適用する。学級規模と学力の関係，運動能力と生活習慣の関係など 5 編の分析事例を収載。

統計ライブラリー 項目反応理論［入門編］ （第 2 版）

豊田 秀樹 (著)

A5判／264ページ　ISBN：978-4-254-12795-9 C3341　定価 4,400 円（本体 4,000 円＋税）

待望の全面改訂。丁寧な解説はそのままに，全編 R による実習を可能とした実践的テキスト。〔内容〕項目分析と標準化／項目特性曲線／ R 度値の推定／項目母数の推定／テストの精度／項目プールの等化／テストの構成／段階反応モデル／他

統計ライブラリー 項目反応理論［中級編］

豊田 秀樹 (編著)

A5判／244ページ　ISBN：978-4-254-12798-0 C3341　定価 4,400 円（本体 4,000 円＋税）

姉妹書［入門編］からのステップアップ。具体例の解説を中心に，実際の分析の場で利用できる各手法をわかりやすく紹介。［入門編］同様，書籍中の分析や演習を追計算できる R 用スクリプトがダウンロード可能。実践志向の書。

統計学入門 I ―生成量による実感に即したデータ分析―

豊田 秀樹 (著)

A5判／224ページ　ISBN：978-4-254-12266-4 C3041　定価 3,080 円（本体 2,800 円＋税）

研究結果の再現性を保証し，真に科学の発展に役立つ統計分析とは。ベイズ理論に基づくユニークなアプローチで構成される新しい統計学の基礎教程。〔内容〕データの要約／ベイズの定理／推定量／ 1 変数／ 2 群／ 1 要因／ 2 要因／分割表／他。

統計学入門 II ―尤度によるデータ生成過程の表現―

豊田 秀樹 (著)

A5判／224ページ　ISBN：978-4-254-12272-5 C3041　定価 3,300 円（本体 3,000 円＋税）

第 I 巻で学んだ生成量に基づく柔軟なデータ解析手法をさまざまな統計モデルに適用する実践編。計算は R 言語のパッケージ cmdstanr と rstan の両方で実装。〔内容〕単回帰モデル／重回帰モデル／ロジスティック回帰／ポアソンモデル／共分散分析・傾向スコア／階層線形モデル／項目反応理論／他。